포 도
GRAPE

국립원예특작과학원 著

포도는 오랜 역사만큼 품종도 많고 다양한 재배기술로
영농현장에 혼돈을 초래하고 있어
농가들이 쉽게 활용할 수 있는
표준영농기술을 보급함으로써
영농편의성 및 소득향상에 기여하고자 한다.

21세기사

포도

GRAPE

CONTENTS

CONTENTS

제11장 포도 주요 병해 발생 생태 및 방제

CONTENTS

제12장 **포도 주요 해충 발생 생태 및 방제**

1

제1장

재배 현황과 전망

01. 재배 역사

포도는 1억 4천만년 전에 출현하여 지구에 널리 분포하다가, 4백만년에 시작하여 1만년 전에 끝난 빙하기 시대에 저온으로 인해 대부분 멸종하였다. 빙하기가 끝난 후에는 동·서아시아, 북아메리카에만 생존하여 각각 동아시아종군, 서아시아종군 및 북아메리카종군 등 지리적 종군(種群)으로 분화하였다.

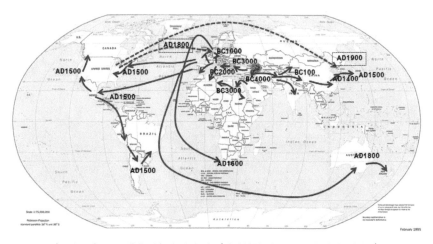

〈그림 1-1〉 포도 재배 기술의 전파 경로(파란실선: 유럽종, 붉은점선: 미국종)

포도는 3종군의 100여 종이 존재하며, 이 중 서아시아종군에 속하는 유럽종 (*Vitis vinifera*)이 세계에서 가장 널리 재배하고 있다. 유럽종 재배가 어려운 지역은 대목 등 특수 목적으로 미국종(*V. labrusca*) 등의 북아메리카종군

에 속하는 종 또는 이들과 유럽종을 교잡한 교잡종을 재배하고 있다. 동북아
시아 등 일부 지역은 불량환경 극복 또는 특수 기능성을 목적으로 왕머루(*V. amurensis*) 등의 동아시아종군에 속하는 종들을 재배하고 있다.

가. 유럽

포도 재배 역사는 BC 6,000년경 후기 신석기 시대로 추측하고 있다. 포도 씨
앗은 서아시아 흑해와 카스피해 사이의 아라랏산 산록 지대(현 터키 북부 트랜
스코카시아 지역)의 초기 인류 문명 발생지에서 발견되었다. 그 당시 재배한 포
도는 야생종에 가까운 자웅이주였으나 후기에는 자웅동주의 완전화로 바뀌었
고, 송이 및 포도알 등이 큰 계통을 선발하여 재배한 것으로 추측하고 있다. 최
근 국제공동연구팀이 아르메니아의 자그로스산맥 북쪽 코카서스 지역의 동굴에
서 BC 4,000년경에 만든 포도주 양조장을 발견함으로써 포도 재배의 시초설에
힘을 얻고 있다. 아라랏산 산록 지대에서 시작한 포도 재배는 BC 4,000년경
남쪽의 티그리스강과 유프라테스강 유역의 비옥한 초승달 지역으로 확산하였
고 바빌로니아, 수메르, 아시리아 등 메소포타미아 전역에서 재배하였다. 이때
는 완전화의 품질이 우수한 재배종 포도를 본격적으로 재배한 것으로 추측한
다. BC 2,800년경의 오리엔트 영웅 '길가메시'에 대한 서사시에 등장하는 넥
타(Nectar, 포도주스)와 BC 1,750년경 바빌로니아 함무라비 법전의 포도주
무역 관련 내용은 포도 문화에 대한 중요한 기록이다.

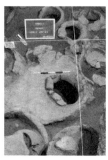

아라랏산에서 메소포타미아로 전파	가장 오래된 코카서스 양조장	길가메시 서사시가 기록되 어있는 니네베 점토서판	함무라비 법전

〈그림 1-2〉 중앙아시아의 포도 관련 유적과 유물

포도 재배는 BC 3,000년경 메소포타미아 지역에서 이집트 등 북아프리카 지역으로 전파되었다. 오시리스 등 이집트 신을 경배할 때 포도를 이용하였고, 이런 포도 문화는 피라미드 벽화 등에 잘 묘사되었다. 그 당시 재배 품종으로 추측하는 '머스캣 오브 알렉산드리아(Muscat of Alexandria)'는 지금도 우리나라를 비롯해 여러 나라에서 재배하고 있다.

피라미드의 포도 재배 및 양조 벽화(B.C. 1450)   머스캣 오브 알렉산드리아

〈그림 1-3〉 이집트의 포도 유물과 그 당시 재배되었던 품종

BC 3,000년경 터키 히타이트족의 팽창에 밀린 페니키아 난민들이 서쪽인 크레타와 에게 섬으로 이동하였다. 이때 메소포타미아의 포도 재배와 양조 기술은 크레타와 펠로폰네소스 반도에 전해졌다(BC 2,200~1,400년). 페니키아인과 그리스인들은 지중해 연안에 그들의 세력을 확장하였으며 시실리, 서부 이태리, 스페인, 프랑스에도 포도 재배를 전파하였다. 이 당시 남부 이탈리아는 포도가 잘 자라서 오이노토리아(Oinotoria, 포도주 나라)라 불리었다. 로마인에 의해 포도 문화는 유럽 내륙으로 확대되었고, 300년경에는 포도 재배와 양조 기술이 대서양 연안으로부터 다뉴브강 계곡까지 전 유럽으로 확대되었다. 프랑스 최초의 포도원은 BC 500년경에 마르세유로 이주한 그리스 정착민이 만든 것으로 추정한다. '시라(Syrah)' 및 '피노누아(Pinot Noir)'는 고대 로마 시대 때부터 현재까지 재배하는 주요 양조용 품종이다.

시라   피노누아

〈그림 1-4〉 고대 로마시대 때부터 재배되기 시작하여 지금도 재배되는 중요 양조용 품종

그리스도가 포도주를 스스로의 피와 동일시함에 따라 포도주를 신의 선물로 간주하였다. 기독교 문명의 확산에 따라 성찬식에 사용하는 포도주 문화도 함께 퍼져 나갔다. 중세기 전반(AD 500~1,000년) 포도 재배와 포도주 제조 기술자들은 교회의 수도사들이었고, 새로운 포도주 국제 무역을 시작하였다. 중세기 말에는 유럽 사회에서 포도주를 마시는 것이 사회 관습화되었다. 30년 전쟁(AD 1618~1648년)에 의한 팔라티네이트(Palatinate) 포도원 파괴, 1709년의 프랑스, 독일 북쪽 지방의 서리 피해 및 1868년부터 프랑스에 나타나기 시작하여 유럽 전 지역으로 퍼진 포도뿌리혹벌레와 역병 등이 큰 피해를 주었지만 유럽의 포도 재배는 꾸준히 성장하였다.

포도주가 사용된   포도뿌리혹벌레 피해   가장 비싼 포도주
그리스도 최후의 만찬   (약 22억 원, 메종
                                          두도농 꼬냑)

〈그림 1-5〉 중세유럽의 포도 문화

나. 아메리카 대륙

아메리카 대륙의 포도 재배는 16세기경 미국 동부해안에 도착한 영국, 프랑스 및 스페인 등의 유럽의 이주민들에 의해 시작하였다. 구대륙의 포도 문화에 익숙한 이주민들은 신대륙 각지에 야생 포도가 자라고 원주민들이 과실을 이용하는 것에 놀랐다. 그러나 야생 포도는 품질이 좋지 않고 호취향(fox flavor)이 강하여 이주민의 기호에는 맞지 않았다. 구대륙의 품질이 우수한 유럽종 포도를 도입하기 위해 유럽에서 포도 재배 전문가를 초빙하여 중부 및 동부 지역에 시범 재배했으나, 대부분 실패하였다. 실패 원인은 북부 지역의 겨울철 저온에 의한 동해, 중남부 지역의 고온 및 다습에 의한 병해충 특히 노균병, 흰가루병, 새눈무늬병(흑두병) 등의 피해가 심했다. 포도뿌리혹벌레(phylloxera)의 피해는 심각했으나 당시에는 포도뿌리혹벌레의 피해를 인지하지 못하였고, 19세기가 되어 나무가 죽는 원인을 구명하였다. 포도뿌리혹벌레는 당시 신대륙에만 있던 해충으로 잎이나 뿌리에 혹을 형성하여 포도를 고사시키는데, 특히 유럽종 포도에 치명적이었다. 포도뿌리혹벌레는 미국 야생 포도와 함께 유럽 각지로 도입되어, 유럽의 포도 재배에 큰 피해를 주었다. 미국 야생 포도종을 저항성 대목으로 개발하기 전까지 유럽 포도원의 60~90%를 황폐화시켜, 아일랜드 감자 역병과 함께 세계 농업 역사상 2대 재앙으로 불리고 있다.

한편 캘리포니아주는 태평양 서해안에 위치하여 유럽의 지중해 연안과 비슷한 기후로 16세기 후반부터 스페인에서 유럽 포도 도입으로 재배면적이 확대되었다. 19세기에는 스페인에 대한 멕시코인의 반란에 의해 포도원이 파괴되는 등 많은 어려움 있었으나, LA에 이주한 프랑스 이민자들이 최초의 상업적 포도원을 개원하였다. 또한 19세기 후반에는 북부 지역의 금광 발견으로 많은 인구가 유입되어 포도주의 수요가 급격히 늘어나 샌프란시스코 주변까지 포도 재배가 확대되었다. 이 시기에는 포도주용 품종 이외도 생식용 및 건포도용으로 '머스캣 오브 알렉산드리아'와 '톰슨 시들리스' 등을 재배하였다. 그러나 포도의 과잉 생산, 포도뿌리혹벌레 및 피어스병(Pierce disease) 피해, 20세기에 시행된 금주법(1920~1933년) 등으로 큰 곤란을 겪었다. 금주법이 해제되면서 다시 포도 재배가 확대되었고, 20세기 후반에는 이 지역의 포도 생산량이 330만톤을 넘어서 전 미국 생산량의 90%를 점유하였다.

최근에는 서부 해안의 오레곤과 워싱턴주까지 유럽종 포도를 재배하고 있다. 워싱턴주는 겨울철 추위 때문에 내한성이 강한 미국종 '콩코드' 품종을 주스용으로 주로 재배하며 포도주용 유럽종 품종 중 비교적 내한성이 강한 '화이트'리즈그린' 및 '카베르네쇼비뇽' 등도 재배한다.

남아메리카의 포도 재배는 1525년 스페인이 멕시코에서 시작한 이래 1550년경에 페루, 칠레, 아르헨티나 등으로 확대하였다. 그러나 스페인에서 수입하는 포도주를 보호하기 위해 일반 재배를 금지하였고, 카톨릭교회에서 성찬 의식 목적으로만 재배를 허용하였다. 독립 후 이탈리아와 스페인 이민자들에 의해 포도 재배는 빠르게 증가하였다. 최근 자본과 과일 유통망을 갖춘 미국의 과수업체들은 칠레 등 남미에 포도원을 조성하고 우량 품종과 선지 재배 기술로 고품질 포도를 생산하여 북반구의 단경기인 겨울철에 포도 및 포도주를 수출한다.

〈그림 1-6〉 캘리포니아주 나파벨리의 오래된 포도원(Oz Clarke, 1995)

다. 중국과 일본

중국의 한나라 7대 황제 무제(BC 156~BC 87)는 북방의 흉노를 견제하기 위해 서쪽의 월지(月氏)와 동맹을 맺고자 장건(張騫, ?~BC 114)을 파견(BC 139)하였다. 장건은 흉노에 두 번이나 포로(11년 동안)가 되면서 대완국(大宛國, 페르시아지방)과 대월국(大月國, 사마르칸트) 등을 여행하여 비단길로 불리는 무역로 개척으로 서역과 문명의 가교를 놓았다. 총 13년간의 여행을 끝내고 귀국하면서 포도(유럽종), 말, 클로버 등을 중국에 도입하였다. 포도(葡萄)란 단어는 유럽종 포도의 원산 지역인 이란의 언어 Budaw(페르시아어 Budawa)를 중국어로 음역하였다는 설과 도연(陶然)이 취한다고 하여 포도라고 하였다는 설이 있다.

한나라 이후 실크로드를 경유해 중국에 도입된 포도는 현재의 감숙성, 섬서성, 하북성을 거쳐 점차 동방의 산동성까지 재배가 확대되었다. 한편으로는 건조와 저온이 심한 북서부 지역으로도 전파되어 동해 예방을 위한 겨울철 매몰, 번식, 덕 사립형 전정 및 관수 등 특유의 재배기술을 확립하였다. 또한 도입한 중앙아시아의 유럽종 포도를 오랜 기간 동안 개량하여 '용안(龍眼)', '마내자(馬奶子)' 등 중국형의 유럽종 품종도 육성하였다.

〈그림 1-7〉 장건 출사 서역도(돈황 벽화, 7세기) : 한무제(말 타고 있는 자)와 장건(무릎 꿇고 있는 자)

일본은 가마쿠라(鎌倉, 1185~1333년) 시대에 중국에서 들여온 유럽종 '갑주(甲州)' 품종이 현재에도 야마나시(山梨縣)와 오사카(大阪縣) 지역에서 재배되고 있다. 1186년 가이노쿠니(甲斐國, 현재의 山梨縣)의 아마미야카케유(雨宮勘解由) 씨가 처음 이 포도를 재배하였다고 한다. 그 당시 중국 교역과 인적 교류가 활발하여 포도 종자를 도입한 것으로 추정하고 있다. 오사카 지방에서 오래 전부터 재배되어 온 '자(紫)포도'는 임진왜란 때 병사들이 조선에서 가져온 것으로 기록되어 있다. 이 품종은 약 400년의 재배 역사를 가지고 있는 '갑주' 품종과 특성이 매우 유사하나 착색과 송이 형태 등에서 차이가 있다고 하며, 아직 오사카 지역에도 있다.

〈그림 1-8〉 일본에서 가장 역사가 오래된 품종 '갑주(甲州)'

라. 우리나라

우리나라에 포도가 언제 전파되었는지는 정확히 알 수 없으나, 중앙아시아에서 BC 114년 이전 중국에 포도를 전래하였다. 중국 산동 지역 고농서인 제민요술(齊民要術, 530~550년)의 포도 관련 서술과 신라 시대 와당의 포도 문양 등을 고려해 보면 산동 지역과 교역이 활발했던 삼국 시대에 이미 포도를 도입한 것으로 추측한다. 포도에 대한 우리나라 최초의 기록은 박흥생(朴興生, 1375~1458년)의 촬요신서(撮要新書)로 그 후 농가집성(農家集成, 1614), 색경(穡經, 1676) 등 중요한 고농서에 빠짐없이 소개한 것으로 보아 15세기부터는 널리 재배한 것으로 추측한다. 이들 고농서에 소개된 포도 품종에는 '자(紫)', '청(靑)', '흑(黑)', '마유포도(馬乳葡萄)', '수정마유(水晶馬乳)' 등이 있는 것으로 보아 중국을 통해서 들어온 중국의 지방종이거나 유럽종 포도였을 가능성이 높다. 특히 '마유포도' 및 '수정마유'란 품종명이 과립의 모양에서 나온 것이라면 유럽종 포도의 동방품종군(Vitis vinifera Proles pontica, 東方品種群)에 속하는 품종일 가능성이 크다. 동방품종군의 대표적인 품종은 'Katta Kourgan' 및 'Muscat Of Alexandria' 이다. 이들 품종은 내한성이 약하고 착립이 불량한 편이나 포도알 및 송이가 크고 습지보다는 건조지와 일조시수가 많은 곳에서 좋은 생육 특성을 갖는다. 따라서 '마유포도'의 약한 내한성으로 그 당시 재배가 어려웠을 것으로 추측되고, 동방품종군과 동아시아 자생종인 머루나 왕머루와의 교잡종이었을 수도 있다. 신사임당의 포도도, 이계호의 포

도도, 백자철화포도문호(국보 93호, 18C) 등 조선시대 문화재의 포도 잎 그림
은 전형적인 유럽종 포도 잎 모양이다.

박세당의 색경에는 덕 재배, 겨울철 동해 방지를 위한 매몰 재배, 보릿대 멀칭,
삽목 번식, 쌀뜨물 및 고기 육수에 의한 영양제 시비 등을 재배 기술로 수록하
였다.

〈그림 1-9〉 신라시대의 포도 문양 와당

〈표 1-1〉 고농서에 나타난 포도의 품종명

고농서	산림경제(山林經濟) (1643~1715, 洪萬選)	증보산림경제 (增補山林經濟) (1766, 柳重臨)	해동농서(海東農書) (1798~1799, 恡浩修)	임원경제지 (林源經濟志) (1842~1845, 倈有曰)
품종명	馬乳葡萄	紫, 靑, 黑 水晶馬乳	紫, 靑, 黑 水晶馬乳	紫, 靑, 黑 水晶馬乳

자료 : 장권열, 1989, 한국육종학회지 21(3):234~240

포도원의 형태를 갖추고 경제적 수익을 목적으로 한 재배의 시작은 1906년 고
종황제 칙령 제37호로 뚝섬의 독도원예 모범장(纛島園藝 摸範場)을 설치한 이
후부터다. 이때부터 외국의 포도 품종인 '블랙함부르크(Black Hamburg)'
등 7품종을 들여와 재배시험을 한 기록이 있고, 1901년부터 1910년까지 미국
15, 일본 106, 중국 4, 프랑스 3, 이탈리아 25품종 등 총 153품종을 도입하
였다. 1908년 '캠벨얼리' 품종을 재배 시험했으나 우리나라에 맞는 품종으로
추천되었다는 정확한 기록은 찾을 수 없다.

〈그림 1-10〉 신사임당 포도도 및 백자철호포도문호(유럽종 포도의 잎 형태 묘사)

일제 시대에는 일본인 또는 일본 유학자들이 신기술을 도입하였다. 지역별 재배 형태가 정착하는 시기로 안양과 부천은 웨이크만식, 대전은 우산식, 안성은 올백식 등으로 재배하였다. 한편 1910년은 일본인이 경북 포항에 150ha의 산지를 개간하여 포도를 심고, 포도주 공장을 설립하는 등 대규모로 재배했다는 기록이 있다.

해방 후 정부는 지역별 특화 사업으로 포도 재배를 권장하였다. 1966년에 계획된 '농촌공업화와 지방특화산업육성 정부계획'에는 대덕(현 대전)에 포도주 공장을 건설하는 계획을 포함하였다. 1969년에 개최된 '제1회 농어민 소득증대사업 경진대회'에서 포도 비닐하우스 재배로 씨 없는 포도를 생산하여 열 배의 수익을 올린 대덕의 농업인이 산업포상을 수상하였다. 1978년에는 경북 지역 철도변 구릉지에 포도 재배 단지를 조성하라고 대통령이 지시하였다.

1960년대 원예시험장의 확대·발전과 더불어 외국 품종과 대목을 대대적으로 도입하였다. 본격적인 연구 시작으로 그 동안의 도입 육종 시험에서 35품종과 1대목 품종을 선발하였다. 1960년대는 생식 및 가공 겸용 품종을 주로 선발했으나, 1980년대 중반부터는 대립계 고품질 품종을 선발하여 당시 포도산업의 형태를 잘 반영하고 있다. 우리나라 기후와 풍토에 알맞은 품종 육성을 위해 2020년 현재 농촌진흥청 국립원예특작과학원 17품종, 강원도농업기술원 8품종, 충청북도농업기술원 2품종 등 총 27품종을 국가기관에서 직무육성하였다.

02. 재배 현황

가. 국외

① 생산 동향

포도는 세계적으로 넓은 지역에서 대규모로 재배하는 과수 중의 하나로 2017년 7,534천 ha에서 73,300천 톤을 생산하고 있다. 최근 급성장하고 있는 중국의 생산량이 13,700천 톤으로 가장 많고 이태리, 미국, 스페인, 프랑스, 터키, 칠레, 아르헨티나, 이란 순으로 생산량이 많다. 주목할 점은 중국과 칠레의 포도 산업 성장이다. 중국은 20년만에 생산량을 7배 이상 증가하였고, 칠레는 약 2배 증가했으며, 미국도 생산량이 소폭 증가하였다. 오랫동안 유럽의 이태리, 프랑스, 스페인 등이 전통적인 포도 산업 강국이었지만, 최근 신흥 강국인 중국, 미국, 칠레의 생산량이 증가하면서 세계 포도 산업의 흐름도 변화하고 있다.

〈표 1-2〉 세계의 포도 재배 면적

(단위 : 천 ha)

구분	1995	2000	2005	2010	2015	2017
세계 전체	7,367	7,341	7,345	7,102	7,928	7,534
스페인	1,160	1,168	1,161	1,002	941	967
프랑스	895	861	855	804	752	786
이태리	899	873	755	778	672	699
중국	158	286	411	533	799	870
터키	565	535	516	478	461	448
미국	317	383	378	385	413	441
이란	233	264	315	221	202	223
아르헨티나	206	188	212	224	224	222
칠레	114	165	179	200	199	215
한국	26	29	22	18	15	13

자료 : FAO 생산통계

<표 1-3> 세계의 포도 생산량

(단위 : 천 톤)

구분	1995	2000	2005	2010	2015	2017
세계 전체	55,972	64,790	67,195	67,017	77,500	73,300
중국	1,896	3,373	5,866	8,652	13,700	13,700
이태리	8,448	8,869	8,553	7,788	8,200	6,900
미국	5,373	6,974	7,088	6,778	6,900	6,700
스페인	3,350	6,540	6,054	6,107	6,000	5,500
프랑스	7,213	7,762	6,790	5,846	6,300	5,500
터키	3,550	3,600	3,850	4,255	3,700	4,200
칠레	1,526	1,900	2,250	2,904	2,500	2,100
아르헨티나	2,855	2,460	2,830	2,617	2,500	2,100
이란	1,846	2,505	2,964	2,256	2,400	1,900
한국	316	476	381	306	220	190

자료 : FAO 생산통계

<표 1-4> 세계의 포도주 생산 동향

(단위 : 천 톤)

구분	1990	1995	2000	2005	2010	2014
세계 전체	28,513	25,359	28,395	28,145	28,060	29,106
이태리	5,487	5,620	5,409	5,057	4,580	4,797
스페인	3,969	2,104	4,179	3,243	3,610	4,608
프랑스	6,552	5,560	5,754	5,344	5,846	4,293
미국	1,845	1,867	2,487	2,888	2,213	3,300
중국	254	700	1,050	1,350	1,658	1,700
아르헨티나	1,404	1,644	1,254	1,522	1,625	1,498
칠레	398	317	667	789	915	1,214
호주	445	503	806	1,434	1,134	1,186
남아프리카공화국	771	753	695	845	922	1,146

자료 : FAO 생산통계

세계의 포도주 생산량은 2014년에 29,106천 톤으로 1990년대보다 소폭 증가하였다. 생산량은 이태리, 스페인, 프랑스, 미국, 중국 순으로 많다. 유럽의 전통적인 포도주 생산국인 이태리, 스페인, 프랑스는 생산량이 감소하는 경향이다. 반면 신흥 강국인 미국, 중국, 칠레, 호주, 남아프리카공화국 등에서는 증가하고 있다. 포도주 생산량은 중국 6.7배, 칠레 3.0배, 호주 2.6배 증가하였다.

② 무역 동향

세계의 과실과 가공품 총 생산량은 크게 변하지 않았으나, 무역량(수입량)은 큰 폭으로 증가하였다. 물량 측면에서는 약 3배, 가격 측면에서도 약 5배 이상 증가하였다. 이는 칠레, 호주, 남아프리카공화국 등 남반구 신흥 포도 생산국에서 생산한 포도를 북반구의 단경기인 겨울철에 수입하는 물량이 증가했기 때문이다.

<표 1-5> 세계의 포도 신선 과실 및 가공품 무역(수입) 동향

(2017)

구분		1990(A)	1995	2000	2005	2010	2017(B)	증가율(B/A)
신선 과실	물량(천 톤)	1,625	1,846	2,612	3,221	3,710	4,685	2.9
	금액(백만 불)	1,896	2,248	2,851	4,773	7,114	9,321	4.9
포도주	물량(천 톤)	4,139	4,989	5,480	7,741	8,773	11,274	2.7
	금액(백만 불)	8,476	9,851	12,771	20,923	26,185	35,665	4.2
포도주스	물량(천 톤)	498	615	619	804	849	6,686	13.4
	금액(백만 불)	263	381	382	549	791	716	2.7

자료 : 농수산식품수출지원정보

세계의 신선 포도 수출량은 2017년 현재 4,685천 톤이며, 주요 수출국은 칠레, 이태리, 미국, 남아공, 네덜란드 등이다. 특히 최근에는 칠레, 남아공, 네덜란드의 수출량이 크게 증가하였다. 네덜란드는 자체 생산하는 포도를 수출하는 것이 아니라 중계 무역량이 많다. 2017년 신선 포도의 주요 수입 시장은 주로 북미와 유럽 지역으로 북미는 미국과 캐나다, 유럽은 러시아, 네덜란드, 독일, 영국 등이고 아시아는 포도를 생산하지 않거나 생산량이 적은 홍콩, 인도네시아, 태국, 싱가폴 등에서 주로 수입하고 있다. 우리나라도 단경기인 겨울과 봄철에 세계 전체 무역량의 각각 1.0% 정도를 수입하고 있다.

세계 포도주 수출량은 2017년 현재 4,878천 톤이고 주요 수출국은 이태리, 스페인, 프랑스, 호주, 칠레이며 특히 최근에는 칠레, 호주, 남아공, 미국의 수출량이 급격히 증가하였다. 2017년 포도주 주요 수입시장은 유럽과 북미 등 주요 선진국으로 유럽은 독일, 영국, 러시아, 프랑스 등의 국가에서 많이 수입하고 아시아에서는 일본과 포도주를 생산하지 않는 싱가폴 등에서 수입하고 있다. 2017년 우리나라에서 수입한 포도주는 36,000톤 201백만 달러였다.

<표 1-6> 세계 주요 국가의 포도 신선 과실 수출입 현황

(2017)

구분	수출동향		구분	수입동향	
	물량(천 톤)	금액(백만 달러)		물량(천 톤)	금액(백만 달러)
세계 전체	4,878	8,602	세계 전체	4,865	9,321
칠레	704	1,231	미국	595	1,720
이태리	502	863	러시아	382	398
미국	385	903	네덜란드	386	901
남아프리카공화국	337	541	독일	338	722
네덜란드	370	877	영국	267	658
한국	1.2	8.5	한국	51	151

자료 : FAO 무역통계

<표 1-7> 세계 주요 국가의 포도주 수출입 현황

(2017)

구분	수출동향		구분	수입동향	
	물량(천 톤)	금액(백만 달러)		물량(천 톤)	금액(백만 달러)
세계 전체	11,274	35,665	세계 전체	11,111	35,300
이태리	2,136	6,722	독일	1,520	2,903
스페인	2,343	3,232	영국	1,397	3,917
프랑스	1,552	10,256	미국	1,209	6,173
호주	818	2,014	러시아	625	1,003
칠레	940	2,007	프랑스	773	928
한국	0.1	0.3	한국	36	210

자료 : FAO 무역통계

나. 국내 포도 재배 현황

① 재배 면적 및 생산량

우리나라의 포도 재배 면적은 1980년대부터 꾸준히 증가되어 2000년에는 29,200 ha로 정점에 이른 후 지속적으로 감소되어 2018년대 12,895 ha로 줄어들었다. 생산액도 1980년대부터 2000년까지 5,135억 원까지 빠르게 증가하였고, 그 이후에는 등락을 반복하면서 증가하는 경향이다. 최근에는 샤인 머스캣 품종의 등장으로 재배 면적이 서서히 증가하고 있다.

〈표 1-8〉 우리나라의 포도 재배면적, 생산량 및 생산액 동향

구분	1980	1990	2000	2005	2010	2015	2018
재배 면적(ha)	7,654	14,962	29,200	22,057	16,584	15,397	12,895
생산량(톤)	56,764	131,324	475,594	381,436	270,610	271,000	162,000
수량(kg/10a)	742	878	1,629	1,729	1,632	1,776	1,629
생산액(백만 원)	30,744	105,690	513,546	496,200	620,178	517,000	623,900

자료 : 농촌진흥청, 농축산물소득자료집, 통계청

지역별 재배 면적은 경북, 경기, 충북, 충남 순이며, 주요 재배 지역은 경북의 영천, 김천, 상주, 경산과 충북의 영동, 옥천, 경기의 화성, 안성, 안산 그리고 충남의 천안 등이다.

〈표 1-9〉 포도 지역별 재배 현황

(2019)

구분	계	경기	강원	충북	충남	전북	전남	경북	경남	기타
계	12,348	1,761	209	1,263	803	805	213	6,473	361	460
노지 재배	10,468	1,667	168	942	676	454	162	5,704	288	407
시설 재배	1,879	95	40	321	128	351	51	769	72	52
(비율,%)	100	14.3	1.7	10.2	6.5	6.5	1.7	52.4	2.9	3.7

자료 : 통계청, 기타 : 특광역시, 제주도

최근 노지 포도 재배 면적은 점차 감소하고 있으나, 시설 포도 재배 면적은 증가하고 있다. 한때 한·칠레 FTA 후속 조치로 가온 재배 시설을 폐원하여 시설 재배 면적이 감소하였다. 특히 2015년 이후 시설 재배 면적이 빠르게 감소하고 있다.

〈표 1-10〉 시설 재배 면적 동향

(단위 : ha)

구분	2001	2005	2010	2015	2019
노지 재배	25,578	20,106	14,457	15,397	10,468
시설 재배	1,225	1,951	2,127	2,707	1,879

자료 : 통계청

② 재배 규모

〈표 1-11〉 노지 포도 규모별 농가 수 및 비율

(2019)

연도	농가수(호)							호당 평균(ha)
	계	0.3 ha 미만	0.3~ 0.5 ha	0.5~ 1.0 ha	1.0~ 1.5 ha	1.5~ 2.0 ha	2.0 ha 이상	
1990	35,488	22,220	8,218	4,264	569	146	71	0.31
1995	48,304	21,515	13,746	10,372	2,044	429	198	0.42
2000	49,619	22,314	13,928	10,738	1,796	611	232	0.43
2005	37,724	17,442	10,323	7,894	1,372	526	167	0.42
2010	31,223	13,316	8,432	7,228	1,451	545	251	0.56
2015	25,035	10,424	6,789	5,930	1,243	456	193	0.46
2019	31,443	18,753	6,192	5,107	1,042	251	98	0.60

자료 : 통계청, 농림어업총조사(2015), 농업경영체등록조사(2019)

우리나라 포도 농가의 평균 재배 규모는 1980년대부터 1995년까지 증가 이후 정체되고 있다. 2019년의 경우 호당 평균 재배 규모는 0.6 ha이고, 전문 경영이 가능한 1 ha 이상의 농가는 4.5% 수준이다. 포도 주작목 복합 경영의 수준인 0.5~1.0ha 규모가 16.2%, 포도 부작목 복합경영의 수준인 0.5 ha 미만 규모가 79%로 아직 규모 면에서는 영세성하다.

③ 품종 구성

우리나라의 포도 산업은 '캠벨얼리' 47.7%, '거봉' 24.9%, '샤인머스캣' 14.7%, 'MBA' 8.9% 등 4품종이 전체 재배 면적의 96.2%를 차지하고 있다. 또한 재배 작형 분화와 가공 산업 발달이 미흡하여 출하기 과잉 생산을 대처할 능력 부족으로 홍수 출하에 의한 위험성이 상존하고 있다. 하지만 최근 유럽종 품종의 재배 면적이 꾸준히 증가하고 있어 앞으로 품종 다양성이 현재보다는 확대될 것으로 전망한다.

〈표 1-12〉 포도 품종별 재배 비율

(2020)

구분	계	캠벨얼리	거봉	샤인머스캣	MBA	델라웨어	기타
비율(%)	100	47.7	24.9	14.7	8.9	0.6	3.3

자료 : 농식품부(2019년 농업관측센터 추정치)

④ 신선 포도 및 포도주 수출입 동향

최근 우리나라의 신선 포도 수출은 물량과 금액 면에서 지속적으로 증가하여, 2019년 1,886톤으로 처음으로 2,280만 달러를 돌파하였다. 이는 해외 시장에서 샤인머스캣 품종의 높은 인기로 수출량이 빠르게 증가했기 때문이고, 앞으로도 샤인머스캣 품종의 수출량은 증가할 것으로 판단한다.

〈표 1-13〉 우리나라의 포도 수출입 동향

기간	수출 중량(톤)	수출 금액(천 달러)	수입 중량(톤)	수입 금액(천 달러)
2000	31.4	98	7,921.4	12,662
2005	205.4	817	13,353.2	23,616
2010	471.1	1,879	34,963.2	84,127
2015	813.5	3,284	66,192.5	201,160
2016	1,031.9	5,123	48,730.3	145,009
2017	1,218.0	8,490	51,267.3	150,571
2018	1,275.3	13,884	59,998.2	171,889
2019	1,886.4	22,809	69,074.6	202,310

자료 : 관세청, 수출입무역통계(2019)

2019년 우리나라의 신선 포도 수출량은 1,886 톤, 수출액은 2,280만 달러이고, 신선 포도의 수입량은 69.0천 톤, 수입액은 202.3백만 달러이다. 또한 가공품인 주스 등 기타 포도의 수입량은 43.4천 톤, 수입액은 259.2백만 달러이다. 2019년 신선 포도의 수입은 수출보다 물량 면에서 약 36.6배, 금액 면에서 약 8.8배에 달하고 있다.

또한 최근 포도주의 수출은 2006년 이후 소폭 증가하여 2019년 176톤 419천 달러를 수출하였다. 이는 국내 포도주 가공업체들이 수출보다 국내 판매에 중점을 두었지만, 한편 국내 포도주의 국제 경쟁력이 높지 않은 것도 요인이다. 포도주 수입은 매년 지속적으로 증가하여 2019년에 수입량 43.4천 톤, 수입액 259.2백만 달러였다. 포도주 수입은 국내 와인 문화가 대중화되면서 지속적으로 증가할 것으로 판단된다.

〈표 1-14〉 우리나라의 포도주 수출입 동향

연도	수출 동향		수입 동향	
	물량(톤)	금액(천 달러)	물량(톤)	금액(천 달러)
2000	44	90	8,053	19,802
2002	18	51	11,510	29,417
2004	8	38	15,898	57,979
2006	106	282	22,195	88,607
2008	93	329	28,795	166,512
2009	106	153	23,009	112,450
2010	115	775	24,568	112,888
2011	9	2	26,004	132,079
2012	5	52	28,084	147,260
2019	176	419	43,495	259,255

자료 : 농수산물유통공사

⑤ 포도 가격 및 출하 동향

우리나라 주품종인 '캠벨얼리' 품종의 출하기(8~9월) 가격은 1994년 이후 재배 면적 증가로 하락하다가, 2000년대에 소비 증가에 의해 상승 추세로 바뀌었다. 그러나 2010년 이후부터는 경제 불황, 과채류와 수입 과실에 의한 소비 대체의 여파로 다시 하락하는 경향을 보이고 있다. 시기별 가격은 8월이 9월에 비해 대체로 높은 경향이었으나, 2010년부터는 기상 여건에 따라 가격이 결정되고 있다.

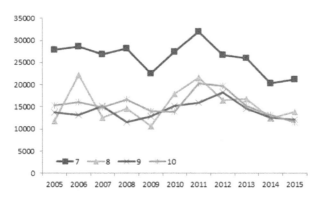

〈그림 1-11〉 포도 주 출하기의 가격변동 양상(캠벨얼리, 상품, 도매가격 5kg)

포장은 대형유통업체의 활성화, 소비자 구매 단위의 변화 등 유통 환경의 변화로 인해 소포장으로 변화하고 있다. 상자가 10kg에서 5kg 또는 2kg 크기로 작아졌고, 상자의 크기가 작아질수록 단위 무게당 가격은 상승하였다.

포도의 출하 시기는 품종, 작형, 다른 작물과의 경합성 및 수입 포도 등에 의해 변화하고 있다. 최근 주요 출하 시기인 8월과 9월의 도매시장 반입 비율이 줄어들어 연중 분산되는 형태를 보이고 있다. 월별 가격 변동은 가온 재배 등에 의한 조기 출하의 가격 상승 효과는 크지만, 저장에 의한 가격 상승 효과는 적은 편이다. 수입 포도의 가격은 1~3월에 높고, 5~7월에는 낮으나 계절 변동은 국산포도에 비하여 크지 않다. 칠레산 포도 가격은 국내산에 비하여 낮은 편이나, 9~12월에 수입하는 미국산은 국산에 비하여 약 2배 이상 높다.

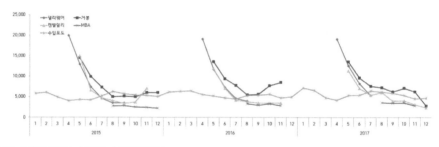

자료: 농업관측정보, 서울시농산물유통공사

〈그림 1-12〉 최근 3년간 월간 포도 가격 변동

03. 재배 전망

가. 생산 전망

포도는 우리나라 과수 중 사과, 감, 감귤 다음으로 많이 재배되고 있는 중요 과수 작목이다. 우리나라의 포도 생산량은 1994년에 200천 톤을 넘었고, 2000년에 476천 톤을 생산한 이후, 한·칠레 FTA 등으로 신선 포도의 수입 자유화로 점차 감소하여, 2018년 현재는 250천 톤 정도를 유지하고 있다. 특히 수입 자유화 이후에도 주요 과수 작물로 우리나라에서 재배하고 있는 이유는 타 작물에 비하여 소득이 높기 때문이다. 2018년 시설 포도는 시설 감귤 다음으로 소득이 높으며, 비가림 재배 포도도 우리나라 6대 과수 중 가장 소득이 높다. 최근에는 겨울철 동해, 생육기 저온 및 장마 등의 이상 기상에 의해 단위 면적당 생산량이 소폭 감소하였다.

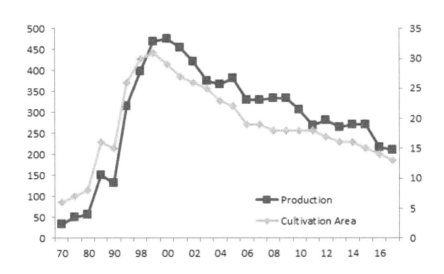

자료 : 농식품부, 관측정보

〈그림 1-13〉 우리나라 포도의 생산량 변화

〈표 1-15〉 작물별 10a당 표준 소득

(단위 : 천 원)

구분	2000	2005	2010	2015	2016	2018
시설 포도	4,687	4,779	5,495	5,815	5,643	6,891
노지 포도	1,877	3,123	3,481	3,929	3,950	4,921
시설 감귤	3,421	6,619	12,956	12,773	15,196	–
노지 감귤	958	2,138	2,147	1,621	2,805	2,412
사과	1,476	3,205	2,965	3,583	3,118	3,040
배	1,656	2,566	3,032	2,821	2,842	3,539
복숭아	2,063	2,156	2,829	3,399	3,127	3,458

자료: 농촌진흥청, 농축산물소득자료집

앞으로 FTA 등으로 포도 수입량은 증가되고 농업인 고령화 등으로 국내 포도 재배 면적은 지속적으로 감소할 것으로 연구기관에서 전망하고 있다. 그러나 국내산 포도가 소비자에게 안전하고 맛있는 과실로 인식된다면 소비는 오히려 증가할 것이다. 포도 수급 전망은 샤인머스캣의 신규 재식 및 품종 갱신으로 2024년까지 완만하게 증가하다가 그 이후 신규 재식 면적 감소로 2020년 1만 3천 ha 수준을 전망한다. 생산량은 성목 면적 증가 2020년 16만 7천 톤에서 2029년 18만 8천 톤 수준으로 전망한다. 또한 1인당 연간 소비량은 2019년 4.5kg에서 2029년 4.8kg으로 소폭 증가할 것이다.

〈표 1-16〉 포도 수급 전망

(단위 : 천 ha, 천 톤, kg)

구분	단위	2019년	전망		
			2020년	2024년	2029년
총 재배 면적	천 ha	12.7	13.0	12.7	13.3
성목 면적	천 ha	10.6	10.2	10.8	10.9
유목 면적	천 ha	2.1	2.8	2.9	2.4
생산량	천 톤	165	167	181	188
수입량	천 톤	63	63	66	72
1인당 소비량	kg	4.5	4.5	4.7	4.8

자료: 한국농촌경제연구원(2020)

나. 소비 전망

우리나라의 연간 1인당 포도 소비량은 2019년에 4.5kg으로 1990년의 3.1kg에 비해 소폭 증가하였다. 2019년에 약 4.5kg으로 전체 과실 소비량의 7.6%를 차지하고 있다. 한국농촌경제연구원에서는 2029년 1인당 소비량을 4.8kg으로 현재보다 소폭 상승할 것으로 전망하였다.

〈표 1-17〉 1인당 과실 소비량 변화

(단위 : kg/인/년)

연도	계	사과	배	복숭아	포도	단감	감귤	기타
1980	22.3	10.8	1.5	2.3	1.5	0.2	4.2	1.8
1990	41.8	14.5	3.6	2.7	3.1	1.5	11.5	4.9
2000	58.4	10.4	6.7	3.6	10.3	4.8	14.0	8.6
2005	62.6	7.5	8.6	4.6	8.2	4.8	15.7	13.2
2010	62.4	9.3	5.8	2.8	6.9	3.6	12.5	21.5
2015	65.8	11.2	4.1	5.6	5.8	2.5	12.4	24.1
2019	59.5	10.3	3.2	4.4	4.5	1.9	12.7	22.6

자료 : 농림수산식품부 주요통계(2016), 농업전망(2020)

연도	계	6대 과일	기타 과일	수입 과일
2000	58.4	47.7	3.9	6.8
2005	62.6	46.8	6.1	9.7
2010	57.6	40.9	5.3	11.4
2015	59.8	43.7	3.3	12.8
2018	57.5	34.9	7.4	15.2

자료 : 한국농촌경제연구원 (2019)

우리나라에서 포도는 봉지 재배로 환경친화형 농산물이며 포도는 타닌, 안토시아닌, 레스베라트롤 등 노화 방지와 암 예방에 좋은 기능성 성분을 다량 함유하고 있다. 최근 소득 증대에 따라 포도주 소비량이 크게 늘고 있는데, 이와 같은 사회적 트렌드의 변화를 향후 우리나라 포도 산업을 발전시킬 수 있는 중요한 동력원으로 활용해야 한다.

우리나라의 포도 산업은 수입 확대, 이상 기상 등 내외부적으로 지속적인 도전을 받을 것이다. 이런 어려움을 이겨내고 우리나라 포도 산업 활성화를 위해 품종 육성 및 재배 기술 개발·보급뿐만 아니라 재배 작형 다양화, 포도주와 포도즙 등 다양한 가공품을 개발해야 한다. 끝으로 우리 포도 우수성 홍보 강화 등의 노력이 필요하다.

제2장

개원과 재식

01. 개원

포도 재배에 성공하려면 포도나무의 생육 환경에 적합한 재배 적지에 심어야 한다. 재배 적지에서는 고품질 포도를 비교적 쉽게 생산할 수 있으나, 부적지에 서 재배하면 고품질 포도를 생산하기 어렵다. 또한 불량한 자연 환경을 극복하 기 위한 재배적 조치에 투자한 노력이나 비용 등도 많이 소요된다. 포도나무는 한번 심으면 주변 환경 영향을 장기간 받으므로 기온, 강우, 바람, 토질, 지형 등을 고려해 재배지를 선정한다.

가. 재배 환경

① 기온

유럽종 포도의 경우 내한성이 약해서 겨울철 최저 기온이 −15℃로 떨어지면 동 해를 받을 수 있으므로 겨울철이 따뜻한 대전 이남 지역에서 재배하는 것이 좋 다. 반면에 미국종 포도는 내한성이 비교적 강하여 −20~−25℃에서도 재배 가능하므로 대부분의 지역에서 재배할 수 있다.

최근 우리나라의 연평균 기온이 상승하여 평년 기온이 많이 상승하였고, 겨울 평 년 최저 기온을 고려하면 강원도 산간 지방을 제외한 전국에서 재배할 수 있다. 다만 대관령, 태백 등 산간지는 일 최저 기온이 −20℃ 이상 내려가므로 유럽종 포도 품종은 재배하지 않도록 한다(표 2-1).

〈표 2-1〉 주요 품종별 내한성 정도

구분	내한성			
	극강	강	중	약
중소립 품종	델라웨어	캠벨얼리, 새단, 청수, 진옥	홍주씨들리스, MBA, 네오머스캣	–
대립 품종	–	–	거봉, 흑보석, 자옥, 피오네, 샤인머스캣	갑비로, 적령

② 강수량

포도나무는 다른 과수에 비해 건조 및 강우에 강하지만, 생육 기간에 강우량이 많으면 재배 관리가 어려워 우수한 품질의 포도를 생산하기 힘들다. 포도의 생육기별 강수량에 의한 반응을 살펴보면 봄철 발아기 강우는 발아를 순조롭게 하지만 너무 많으면 새눈무늬병 발생이 많다. 또한 개화기(5월 하순~6월 상순)에 비가 많이 내리면 새 가지의 웃자람으로 꽃떨이 현상이 발생할 수 있다. 착색기부터 성숙기에 비가 많으면 갈색무늬병 및 노균병과 열과 발생으로 품질 및 수량이 감소된다. 또한 전 생육 기간에 걸쳐 과다한 강우는 일조량을 부족하게 하여 포도의 당도 저하, 착색 불량 및 이에 따른 겨울철 수체 양분 부족으로 인한 동해 발생의 원인이 된다.

기본적으로 유럽종 포도 주산지는 연 강수량이 500mm 이하이며, 4~9월 생육기 강수량은 400mm를 넘지 않고 있다. 우리나라의 연 강수량은 지역별로 차이가 있으나 1,100~1,850mm이고, 생육기(4~9월) 강수량은 750mm 이상으로 강우 양상은 계절별로 불균일하다. 비가 병해충 피해가 많은 여름철에 집중(연 강수량의 50~60%)되어 병해충에 취약한 유럽종 포도는 비가림시설 등을 설치해야 한다. 반면 미국종 포도 주산지의 연 강수량은 900~1,070mm, 4~9월 강수량은 440~660mm로서 우리나라와 비슷하여 미국종 포도 재배는 어렵지 않다.

③ 토양 조건

포도나무는 다른 과수보다 토양에 대한 적응성이 넓어, 내건성과 내습성이 강하므로 적정한 토심을 확보하면 경사지에서도 재배할 수 있다(표 2-2). 고품질 포도 생산을 위한 이상적인 토양은 다른 과수와 마찬가지로 토심이 깊고 비옥

하며 건습 변화가 적고 배수가 양호한 사양토로 유기물 함량이 3~5% 정도 함유한 토양이다. 토양 pH는 5.5~6.5 정도이고, 염기포화도가 높은 토양이 좋다(표 2-3).

〈표 2-2〉 포도나무의 일반적인 토양 적응 특성

내건성, 내습성	토양 조건	토심	토양 반응	비 고
강	통기성 좋은 사양토	80~100cm	중성 (pH 5.5~6.5)	

〈표 2-3〉 포도 토양 적지 판정 기준

구분	최적지	적지	가능지	부적지
토성	식양질	사양질(점토 25%) 석질, 미사식양질	사양질(점토 12%), 사양질/사질	사질
경사(%)	〈 7	7~15	15~40	〉40
토양 배수	양 호	약간 양호	약간불량	불 량
유효 토심(cm)	80 〉	80~50	50~20	〈 20
자갈 함량(%)	〈 15	15~30	30~45	〉45
침식	없 음	있 음	심 함	매우심함

토성에 따른 포도나무의 반응은 매우 다양하게 나타나는데 미국종 포도 품종은 유럽종 품종보다 비옥한 토양을 좋아한다. 유럽종 포도는 배수가 잘 되는 토심이 깊은 모래참흙이나 자갈이 섞인 참흙이 좋다. 투수성이 약하여 배수가 잘 되지 않는 질흙이나 지하수위가 높은 논토양에서는 뿌리의 분포가 천근성이 되고 정상적으로 생장하지 않아 여러 가지 재배상의 문제가 발생할 수 있다. 토성에 따른 포도의 생장은 (표 2-4)와 같다.

토양의 종류	생장 반응
모래땅	포도나무 수관은 작고 열매는 잘 달리나 포도알이 작아 수량이 감소하며, 생식용은 품질이 좋고 조기 수확한다.
질흙	보수·보비력이 좋아서 숙기가 늦으며, 병해의 발생이 쉽고 과실의 품질은 좋지 않다. 다만 석회질이 많이 함유되어 있으면 품질 좋다.
참흙	포도나무의 생육에 좋으나 비배관리를 소홀히 하면 웃자라게 되어 향이 나빠지고 과피가 두꺼워진다.
자갈땅	배수가 양호한 이상적인 토질로 열 복사력이 높아 울타리형은 다소 일찍 수확할 수 있고, 주로 양조용 포도의 고품질 재배 지역이 많다.

④ 햇빛

햇빛이 부족하면 가지가 웃자라게 되어 꽃눈 형성과 결실 그리고 과실의 품질이 불량하므로 햇빛을 잘 받을 수 있게 재식 거리, 수형 등을 선택하여 잎이 겹치지 않게 한다. 특히 덕식 수형은 가지와 잎이 수평면에 위치하여 잎의 입체적인 배치가 어려워 잎이 겹치지 않게 관리한다. 간혹 노동력 부족으로 인해 신초의 생장이 왕성한 가지를 방치하면 수관이 복잡해지고 어두워져 품질이 떨어진다. 이는 착색기 이후 곁순의 지속적인 순지르기로 방지할 수 있으나 밀식, 강전정, 질소 과다 등 재배상의 문제로 수세가 강하면 신초가 계속 생장하여 적심만으로 해결할 수 없다. 따라서 간벌, 수형 개선 등 다른 재배적인 관리 대책으로 과원의 햇빛 조건을 양호하게 개선해야 한다.

⑤ 지형

우리나라 포도 주산지의 포도밭은 평지보다 경사지에 많이 조성되어 있다. 경사의 정도에 따라 차이는 있으나 15° 이상의 경사도는 노동력을 비롯한 생산비가 많이 소요되며, 토양 유실이 심한 단점도 있으나 경사지는 일반적으로 일조량이 많고, 배수와 통기성이 좋아 고품질 포도를 생산할 수 있다. 경사의 방향은 동남, 남, 남서 등이 좋으나 따뜻한 지역에서는 일조에 지장이 없는 한 북쪽의 완만한 경사지를 이용해도 좋다. 늦서리의 피해가 우려되는 곳의 동쪽은 위험하며 특히 냉기류가 정체하는 계곡의 저지대는 피해야 한다.

02. 기반 조성

가. 배수

배수가 잘되면 토양 속의 공기 함량이 증가하고 지온도 높아져 뿌리의 활동이 왕성하여 깊게 분포하게 한다. 뿌리가 넓고 깊게 뻗어야 지력을 이용하여 능률적인 생산을 기대할 수 있다. 그러나 배수가 나쁜 포도원은 장마기에 과습 피해를 받아 생육이 불량해질 뿐만 아니라 지하수위도 높아 산소 부족으로 뿌리가 깊게 뻗지 못한다. 또한 습해를 받으면 여러 가지 미량 요소를 흡수할 수 없게 되어 생리 장해가 발생하므로 암거 및 명거배수 시설을 설치한다. 특히 논을 전환하여 포도밭을 만드는 경우 복토를 충분히 해주고 배수시설을 반드시 설치해야 생리 장해를 미연에 방지할 수 있다. 경사지 토양은 척박하고 토양 유실도 많으며 작업도 불편하지만, 배수가 양호하고 햇빛 투광이 좋아 평지 포도원보다 유리한 점도 있다. 경사도가 15° 이하면 경사를 그대로 이용하여 재식하고 경사도가 15° 이상이면 계단식 개간을 해야 한다.

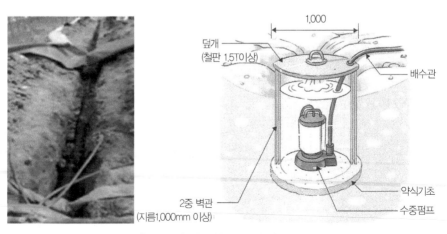

〈그림 2-1〉 암거배수 및 강제 배수 시설

나. 토양 표면 보존

경사지 과원의 토양 표면 보존은 기반 조성에 있어서 기본이다. 토양 유실 정도는 경사도, 경사면 길이, 피복식물 종류 및 강우 등에 따라 차이가 있으나 물이 수직으로 흐를 때 유실량이 많다. 그러므로 물이 등고선을 따라 집수구로 흘러가게 하고 경사면에는 전면 또는 대상으로 초생 재배하여 토양 유실을 방지한다.

다. 논 전환원의 개원

신규 포도원 중 논을 이용하여 많이 개원하는데 논을 이용한 포도원 중에는 충분히 객토를 하지 않아 논토양의 높은 지하수위로 배수가 불량하다. 배수는 도랑이나 배수로를 통해 옆으로 빠지는 수평배수와 땅 밑으로 빠지는 수직배수로 나뉜다.

논토양은 도랑이나 배수로를 철저히 만들었다 하더라도 불량한 수직배수를 해결하기 위해 충분히 복토하거나 암거배수 시설을 설치해야 한다. 논 전환 과원은 심는 구덩이를 파지 않고 높이 20~30cm, 폭 180~200cm의 이랑을 만들어 뿌리를 이랑 부분에 놓은 후 주위 흙으로 복토하여 심으면 습해 방지에 효과적이다(그림 2-2).

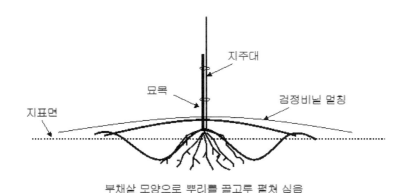

부채살 모양으로 뿌리를 골고루 펼쳐 심음

〈그림 2-2〉 포도 묘목 심는법

03. 재식

가. 품종 선정

국민 소득 향상에 따른 소비성향의 고급화로 껍질째 먹을 수 있는 과육이 아삭한 머스캣향의 유럽종 포도 수요가 증가하고 있다. 우리나라 포도 품종 재배 비율도 크게 변화하고 있는데 주로 재배하던 '캠벨얼리', '거봉', 'MBA' 품종의 재배 면적이 감소하는 반면 유럽종인 샤인머스캣은 빠르게 증가하고 있다(그림 2-3). 앞으로 품종 선택은 국민 소득 향상에 따른 소비 성향의 고급화 추세로 고품질 포도 수요가 증가할 것이다. 특히 대립계 포도로서 독특한 향기를 가지고 외관이나 맛이 좋은 품종이 유망할 것이다.

나. 묘목의 선택

묘목은 허가 받은 종묘업체에서 구입하는 방법과 자가 생산하는 방법이 있다. 재배하고자 하는 품종의 삽수를 구할 수 있다면 자가 생산하여 재식하는 것이 품종의 정확성을 기할 수 있어 안전할 뿐만 아니라 경제성이 낮은 품종의 혼입 가능성을 방지할 수 있다. 묘목의 충실도는 포도 농사의 성패를 좌우할 만큼 중요하므로 종묘업체에서 묘목을 구입할 경우 다음 사항을 고려해 우량한 묘목을 선택한다(표 2-5).

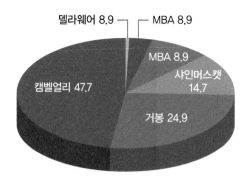

델라웨어 8.9 ― ┌ MBA 8.9

MBA 8.9

샤인머스캣 14.7

캠벨얼리 47.7

거봉 24.9

자료: 한국농촌경제연구원 농업관측정보

〈그림 2-3〉 주요 포도 품종의 점유율(2019)

〈표 2-5〉 포도 묘목 선택 시 고려사항

- 품종과 대목이 확실한 것
- 가지가 굵고 마디 사이가 짧으며 충실하고 웃자라지 않은 것
- 뿌리가 많고 곧게 뻗은 것. 굵은 뿌리와 잔뿌리가 적당히 섞였으며 2단 또는 3단 뿌리가 아니고 최하부에서 뿌리가 발생한 것
- 건조되지 않고 병해충의 피해가 없는 것
- 접목묘는 대목의 길이가 30cm 이상으로 접목부가 잘 접착하여 이상이 없는 것

다. 묘목 심는 시기

다른 낙엽 과수와 마찬가지로 생육이 정지된 낙엽기부터 봄철 뿌리 활동이 시작되기 전에 심는데, 아주 추운 지방이 아니면 낙엽 직후인 가을에 심는 것도 좋다. 즉 가을에 심으면 다음 해 봄철 뿌리가 일찍 흙에 자리잡아 새 뿌리가 내려 발아 및 생육에도 좋다.

가을에 심을 경우 지역에 따라 다르나 11월 상순부터 11월 하순까지 가능한 한 빨리 심는 것이 좋다. 가을에 묘목을 너무 늦게 구입하여 재식하면 뿌리가 동해 피해를 입기 쉬우므로 추운 시기를 피하여 봄에 심는 것이 좋다. 봄에 심을 경우에는 땅이 풀린 후 늦어도 3월 하순까지 심는다. 심는 시기가 늦어지면 발아가 늦고 생육이 불량하므로 되도록 심는 시기를 앞당기는 것이 좋다.

라. 심기 전 묘목 손질

묘목은 뿌리의 건조를 막아 주는 것이 가장 중요하다. 가식이 잘 된 묘목은 건조 피해가 없으나 먼 곳에서 운반해 온 묘목은 건조 피해를 방지하기 위해 물에 6~12시간 정도 담가 물을 충분히 흡수시킨 후에 심는다. 그리고 근두암종병, 날개무늬병 및 새눈무늬병 등에 걸린 묘목은 심지 않는다. 묘목 뿌리가 상했거나 상처가 있을 경우에는 매끈하게 절단하고, 살균제에 침지하여 병균 침입을 막으면서 상처가 빨리 아물도록 한다.

마. 심는 거리

포도 묘목 심는 거리는 품종 특성, 대목 종류, 전정 방법 및 토양 관리 등의 재배 조건에 따라 다르므로 적정 재식 거리를 결정하는 것은 매우 어렵다. 우리나라에서 권장하는 심는 거리는 '캠벨얼리'와 같이 단초 전정이 가능한 품종('새단', 'MBA' 등)은 개량일자형 수형일 때 열간 2.7m×주간 3.0m로 10a당 123주, 거봉과 같은 대립계 품종은 덕식으로 수형을 구성하여 3.0×6.0m로 10a당 92주를 심은 후 4~5년째부터 생육 상태에 따라 간벌하여 주간m거리를 넓힌다.
우리나라는 밀식 재배를 하는 경향이 많아 10a당 150~200주를 심어 조기 다수확을 꾀하고 있지만, 3년만 지나도 밀식에 의한 수세 조절 문제로 재식주수가 많다고 무조건 수량이 증가하는 것은 아니다.

바. 묘목 심기

묘목 뿌리가 손상되어 있는 부분은 절단하고 그렇지 않은 것은 그대로 둔다. 재식 구덩이가 깊을 때에는 흙이 상당히 가라앉게 되므로 지표면보다 10~20cm 정도 높게 심는다. 묘목은 흙을 곱게 마쇄한 후 약간 긁어모아 흙 쌓기를 하고 그 위에 묘목을 놓고 뿌리를 가지런히 분포시킨 다음 고운 흙으로 덮어준다. 그리고 그 위에 부초를 하거나 고운 완숙 퇴비로 덮어준 다음 충분히 관수해 준다. 접목 부위 이상이 덮이면 지하로 들어간 접수 품종에서 뿌리가 나오고 대목 뿌리는 말라 죽어 접목 효과가 없어진다. 또한 심을 때 특히 주의해야 할 점은 비료 등을 너무 뿌리 가까이 주어 새 뿌리가 말라죽는 일이 없도록 하는 일이다.

사. 재식 후 관리

지역에 따라 다르나 4월 중하순이면 발아가 되므로 발아하기 전 석회유황합제 3~5도액을 살포한다. 또한 4~5월에 비가 적으므로 5일 정도 간격으로 뿌리 주위에 관수한다. 그리고 딱정벌레류와 박각시나방의 유충 등이 어린 포도싹을 갉아 먹을 경우와 애무늬고리장님노린재의 약충이 흡즙하는 발아기에 살충제를 살포한다. 새 싹이 나오면 새 가지 2개만 남기는데 왕성하게 자라는 새 가지를 지주에 유인 및 결속하여 계속 키우고 나머지 1개의 새 가지는 3~4잎만 남기고 끝순을 잘라준다. 발아 후 새 가지가 자라면 속효성 비료를 2회 정도 뿌리가 닿지 않게 시용한다.

04. 지주 및 덕 설치

포도나무는 덩굴성 과수이므로 적당한 지주나 덕에 잡아매지 않고는 수형을 유지할 수 없으므로 지주를 설치한다. 지주 설치 방법에는 울타리식과 평덕식이 있는데 재식하고자 하는 품종의 특성에 맞게 수형을 결정하고 시설을 설치한다.

울타리식은 구미 각국에서 널리 이용하는 방법으로 우리나라에서도 많이 이용하고 있다. 평덕식은 주로 우리나라, 중국, 일본, 이탈리아 북부 지방에서 사용하고 있다. 설치비는 평덕식이 울타리식보다 많이 소요되지만 바람이 강하게 부는 해안 지방이나 언덕 또는 수세가 강한 품종에 주로 이용한다.

덕 및 지주시설에 콘크리트 블록을 이용하였으나 최근에는 간편하고 견고한 아연도금 철 파이프와 와이어를 이용하여 지주를 설치하고 있다. 철 파이프를 이용하면 당김줄 없이 설치 가능하고 철선 대신 와이어를 이용하면 3~4년마다 철선을 교체하는 번거로움도 없어진다. 단점으로 설치비가 다소 많이 들지만 반영구적으로 이용할 수 있어 장기적으로는 경제적이라 할 수 있다.

포도 중소립계의 경우 비가림 시설은 주지 높이 140cm의 개량일자형을 표준 수형으로 이를 기준으로 만들었으며 권장되는 열간 및 주간거리는 2.7m×2.7m이다. 이 경우 비가림의 폭은 240cm로 하여 각 비가림과 비가림 사이를 30cm로 하고 신초의 수평유인선과 비가림 비닐 사이는 30cm 이상 띄어서 설치해야 온도 및 습도 관리에 유리하다. 포도 중소립계의 표준 비가림 시설은 아래와 같다(그림 2-4).

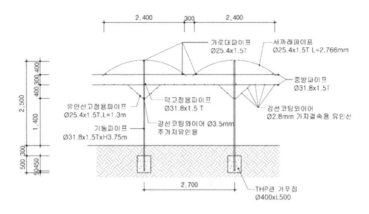

〈그림 2-4〉 포도 중소립계 비가림 시설 설계도

포도 대립계 재배의 경우 씨가 없는 무핵 재배와 씨가 있는 유핵 재배로 나눌 수 있다. 무핵 재배의 경우 지베렐린을 이용하여 수정 없이 탈립이 되지 않도록 하여 착과 시키므로 신초의 세력이 강하게 유지되어도 꽃떨이(화진)에 대한 염려가 없다. 따라서 대립계 품종임에도 불구하고 일반적인 중소립계의 비가림 시설을 이용한 재배가 많이 이루어지고 있다. 포도나무의 열간 및 주간 간격을 3.3m×3.0m로 하고 비가림폭은 270cm로 맞추어 시설한다. 신초의 수평유 인선과 비가림 비닐 간격은 30cm 이상 띄워 설치한다(그림 2-5).

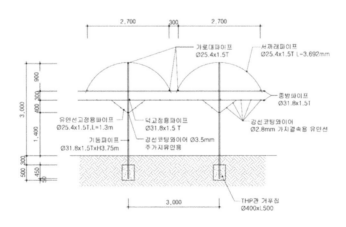

〈그림 2-5〉 포도 중소립계 비가림 시설 설계도

포도 대립계 재배에서 유핵 재배의 경우는 세력 조절을 위해 덕식으로 재배하므로 기존의 덕 시설을 활용하여 비가림 시설을 보완하여야 한다. 따라서 기존의 덕 시설에 아래 그림과 같이 비가림 활대를 부착하여 비가림 시설을 설치하는 것이 좋으며 이로 인해 병해 피해가 월등히 줄어들고 따라서 과실의 품질이 향상된다(그림 2-6). 대립계 유핵 재배의 경우에는 열간 및 주간 간격이 3.3×3.3m인 경우가 많고 이 경우 비가림 폭은 3m로 넓게 설치하며 기존 덕면과 비가림 사이는 30cm 이상 띄워 설치한다.

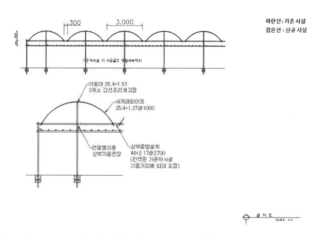

〈그림 2-6〉 포도 대립계 유핵재배 덕 시설 연장형 비가림 시설 설계도

MEMO

3

제3장

품종

01. 품종 분류

포도나무속 식물은 식물분류학상 포도목(Vitales), 포도과(Vitaceae), 포도속(*Vitis*)에 속하는 온대낙엽성 과수로, 전 세계에서 가장 오랜 기간 재배되어 온 작물 중 하나이다. 포도속(*Vitis*)은 약 60여 종으로 구성되어 있는데, 이중 2/3는 북미 대륙에, 1/3은 중앙아시아 및 동아시아에 분포하고 있으며 터키를 중심으로 한 근동 지역이 원산인 유럽종(*Vitis vinifera* L.)이 재배 품종의 95% 이상을 차지하고 있다. 빙하기가 끝난 1만년 전부터 지구의 기후가 온난해지며 살아남은 포도속 식물들은 온대 북부 지역에 분포하게 되었고, 오랜 기간 동안 다른 기후 조건에 적응하며 형태적·생태적으로 구분되는 지리적 종군(種群)을 형성하였다. 종군을 원생지에 따라 구분하면 서아시아종군(유럽종), 동아시아종군, 북아메리카종군으로 구분할 수 있다.

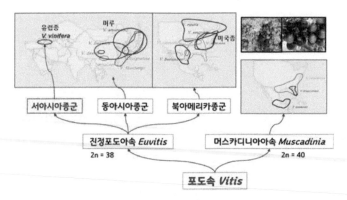

〈그림 3-1〉 포도속 식물의 분류

가. 서아시아종군(유럽종)

원산지는 카스피해 연안 또는 카프카스 지방이며 B.C. 40~30년에 지중해를 거쳐 그리스, 로마, 이집트 등지로 전파되었는데, 대부분이 양조용으로 소비되고 있으며 생식용, 건포도용 등으로도 이용되고 있다. 전 세계적으로 적어도 5,000개 이상의 품종이 있다고 알려져 있으나 재배되고 있는 품종은 100여 개 이내의 품종이다. 지중해성 기후 지역에서 잘 자라고, 내병성과 내한성이 약하기 때문에 우리나라 중부 이북 지역의 노지에서 경제적인 재배가 어렵다. 특히 노균병, 새눈무늬병 등 수인성 전염병과 포도뿌리혹병 및 포도뿌리혹벌레 등 토양 병해충에 약하다.

잎이 얇고 어린잎의 앞면에 광택이 있으며, 마디 사이가 길고 덩굴손이 간절성(間絶性)이다. 포도알은 원형, 장원형 또는 난형이며, 과피가 얇고 과육에 밀착되어 있어 잘 분리되지 않는다. 품질이 우수하며 포도송이가 큰 것이 많지만 첫 번째, 두 번째 눈에서 빈 가지 발생이 많으므로 단초 전정 시 결실성이 떨어진다. 유럽, 중앙아시아, 미국 남서부 지역, 남미, 아프리카 등 전 세계 대부분의 포도 재배 지역에서 재배되고 있다. 본 종에 속한 주요 재배 품종으로는 '톰슨 시들리스(Thompson Seedless)', '블랙 사파이어(Black Sapphire)', '어텀 킹(Autumn King)', '까베르네 쇼비뇽(Cabernet Sauvignon)', '메를로(Merlot)', '샤르도네이(Chardonnay)', '리슬링(Riesling)' 등이 있다.

나. 동아시아종군

아시아 동부 지역에서도 유럽이나 북미 대륙에서와 마찬가지로 신생대 제3기에 포도속 식물이 번성하였음을 증명하는 화석이 발견되고 있다. 빙하기 이후에는 많은 종이 멸종된 것으로 보이나 유럽 대륙보다는 훨씬 더 많은 원생종들이 분포하고 있다. 이러한 원생종의 분포는 중국 26종 5변종, 일본 7종 8변종, 우리나라에도 왕머루(*V. amurensis* Rupr.)를 포함한 5종이 분포하는 것으로 보고되어 있다. 최근 보고에 의하면 중국에서 9종의 새로운 종이 발견되어 동아시아종군은 적어도 40여 종 이상인 것으로 보고 있다. 그러나 이 종들은 야생 상태의 것을 채집하여 이용하는 정도에 그치고 유럽종이나 북아메카종군처

럼 품종을 육종하거나 개량하는 데 거의 이용하지 못하였었다. 최근 이들 야생
종의 내한성, 내습성, 내건성 등 불량환경에 대한 적응성이 높아 새로운 가치가
발견됨에 따라 새로운 육종 소재로 그 중요성이 부각되고 있다.

다. 북아메리카종군

북아메리카종군은 직접 품종으로 이용되기보다는 육종 소재로 많이 사용되
고 있다. 북아메리카종군의 일부 종에는 포도 뿌리혹벌레 및 선충에 대한 저항
성이 있고 내건, 내습, 산성토양에 대한 저항성이 있어 원생종간의 상호 교잡으
로 많은 대목이 육성되었다. 대목 육종에 주로 사용되는 종은 *V. aestivalis*,
V. lincecumii, 강변포도종(*V. riparia*), 사막포도종(*V. rupestris*), 겨울
포도종(*V. berlandieri*) 등이다. 일반적으로 미국종(*V. labrusca*)이라 부르
는 것은 북미 대륙에서 자생하는 포도종 중 가장 품질이 좋은 종으로 내한성과
내병성이 강하다. 그러나 유럽종에 비하여 과립이 작고, 당도가 낮은데다 품질
이 좋지 않다. 미국종은 잎이 크고 두꺼우며 짙은 녹색이고 마디 사이(節間)가
짧으며 덩굴손은 연속성이다. 포도알의 모양은 원형 또는 약간 편원형이고 미
국종 특유의 냄새(狐臭 : fox-flavor)가 나며 과피가 두껍고 과육과 잘 분리
된다. 포도송이는 크지 않지만 착립이 잘 되는 편이다. 본 종은 포도주스로 많
이 이용되며 젤리, 잼, 통조림에도 이용되고 있다. 가장 잘 알려져 있는 품종
은 '콩코드(Concord)' 품종이며 이외에도 '나이아가라(Niagara)', '이사벨라
(Isabella)', '알바(Alba)' 등이 있다.

라. 교잡종(*Vitis* spp. 또는 French-American Hybrids)

1860년대 유럽에 전래된 필록세라 해충은 이 충에 매우 약한 유럽종 품종이
재식된 포도원을 황폐화시켰다. 이후로 필록세라에 저항성인 포도 대목이 요
구되어 필록세라에 저항성이며 미국 북부 중앙 지역이 원산지인 미국종 포도와
유럽종 포도를 교배하여 필록세라에 저항성이면서 포도주 품질도 우수한 품종
을 육성하게 되었다. 이처럼 품질은 우수하나 겨울철 동해와 병에 약한 유럽종
의 단점과 미국종의 내한성 및 내병성 등 불량 환경 적응성은 뛰어나나 과립이

작고 품질이 나쁜 단점 등을 해결하기 위하여 품질도 우수하고 불량 환경 적응성도 뛰어난 새로운 종을 육성하는 시도가 꾸준히 이루어져 왔다. 미국종과 다른 종을 서로 교배하여 개량한 품종을 일괄하여 교잡종이라고 분류하며 미국종에 포함시키기도 한다. 본 종에 속한 품종으로는 '비달블랑(Vidal Blanc)' '세이벌(Seyval)' 등이 있다.

우리나라와 같이 겨울철 추위가 강하고 생육기 비가 많아 유럽종을 노지 재배하기 어려운 곳에서는 교잡종 품종을 재배하는 것이 유리하며, 실제 우리나라에서 많이 재배되고 있는 '캠벨얼리(Campbell Early)', '거봉(Kyoho)', '샤인머스캣(Shine Muscat)' 등이 이에 속한다. 우리나라에서는 주로 생식용으로 재배하지만 미국의 뉴욕주, 워싱턴주 등 유럽종 포도의 겨울철 노지 월동이 어려운 북부 지역에서는 주스용으로 많이 재배하고 있다.

마. 머스카다인(*Vitis rotundifolia* Michx)

본 종은 미국 남동부 지역에 잘 적응한 종이며 유럽종 포도에 비하여 매우 활력이 좋고 병에 강하다. 내한성이 약하여 미국의 중서부, 북동부, 중부 대서양 연안에서는 재배하기가 어렵다. 본 종에 속하는 품종은 암술만 있는 것과 완전화인 2개의 그룹으로 나눌 수 있으며 'Cowart', 'Hunt', 'Noble', 'Jumbo', 'Nesbitt', 'Southland' 품종 등이 이에 속한다.

〈표 3–1〉 포도 종별 주요 특성

특성	유럽종	교잡종	미국종
품종	톰슨씨들리스 등	샤인머스캣, 거봉 등	콩코드, 나이아가라 등
결과 습성	간절성	간절성	연속성
당도	고	중	저
포도알 크기	대	중	소
송이 크기	대	중	소
내한성	약	중	강
향기	머스캣(Muscat)	머스캣, 여우향	여우향(Fox)
내병성			
– 노균병	약	중	강
– 새눈무늬병	약	중	강
– 흰가루병	약	중	강
– 갈반병	강	중	약

02. 우리나라 재배 품종 구성 변화

국내에서 주로 재배되고 있는 품종은 재배 역사가 오래된 '캠벨얼리', '거봉', '머스캣베일리에이'(MBA) 등이다. 포도 품종별 재배 면적 비중은 '캠벨얼리'가 전체의 48%로 여전히 가장 높지만 최근에는 캠벨얼리 비중이 낮아지고, 과립이 크고 소비자의 선호가 높은 '샤인머스캣'의 비중이 높아지고 있다. '샤인머스캣'은 2016년 이후 매년 큰 폭으로 면적이 증가하고 있으며 포도 시설 재배의 보급과 함께 유럽종 포도 품종의 재배 면적도 증가하는 추세이다.

〈표 3-2〉 포도 품종별 재배 면적

단위 : ha, (%)

구분	캠벨얼리	거봉	샤인머스캣	MBA	델라웨어	기타	전체
'02	16,445(73.5)	2,858(12.8)	–	1,103(4.9)	82(0.4)	1,880(8.4)	22,368
'07	12,899(72.0)	2,139(11.9)	–	1,566(8.7)	94(0.5)	1,216(6.8)	17,914
'12	11,963(69.6)	2,700(15.7)	–	1,232(7.2)	127(0.7)	1,157(6.7)	17,179
'13	11,637(68.7)	2,752(16.3)	–	1,221(7.2)	127(0.8)	1,194(7.1)	16,931
'14	11,074(67.7)	2,761(16.9)	–	1,179(7.2)	123(0.8)	1,210(7.4)	16,347
'15	10,379(67.4)	2,640(17.1)	–	1,102(7.2)	108(0.7)	1,168(7.6)	15,397
'16	9,830(61.4)	2,753(23.8)	278(1.9)	1,048(10.2)	99(0.5)	938(4.1)	14,946
'17	7,590(57.9)	3,369(25.7)	472(3.6)	1,350(10.3)	79(0.6)	249(1.9)	13,108
'18	6,747(52.7)	3,403(26.6)	953(7.4)	1,206(9.4)	76(0.6)	411(3.2)	12,795
'19	6,041(47.7)	3,151(24.9)	1,867(14.7)	1,132(8.9)	72(0.6)	413(3.3)	12,676

주: 2015년 품종별 면적은 통계청 농업 총 조사를 이용하였으며, 2016~2019년은 농업관측본부 추정치임.
자료: 과수실태조사(2002년, 2007년), 통계청(2012~2019년 전체 재배 면적)

03. 품종 선택 요령

포도에는 2배체(중소립계) 품종과 4배체(대립계) 품종이 있으며, 2배체와 4배체의 교배로 만들어진 3배체 품종이 있다. 2배체는 염색체가 2쌍으로 이루어져 2n=38이며 대표적으로 '샤인머스캣', '캠벨얼리', '머스캣베일리에이(MBA)'를 꼽을 수 있다. 4배체는 염색체가 4쌍으로 이루어져 4n=76이고 '거봉', '흑보석', '자옥', '피오네' 등이 있다. 3배체는 염색체가 3쌍으로 이루어진 품종들로 결실이 불안정하여 만개기에 생장조정제 처리가 필수이며 '킹델라', '청향', '충랑' 등의 품종이 이에 속한다. 이들 배수성에 의한 차이는 일반적으로 2배체보다 3·4배체가 훨씬 생육이 왕성하며 이로 인해 착립에 신경을 많이 써야만 제대로 된 수확을 할수 있다. 그러나 지베렐린으로 씨 없는 포도를 만들 경우에는 착립이 매우 잘 이루어져 3·4배체 포도에 대한 재배 관리가 쉬워지고 '캠벨얼리'와 같은 수형을 사용할 수 있다.

가. 재배지의 환경과 품종 선택

포도는 여타 과수 작목과 같이 품종 고유의 특성(생태, 생육, 과실)이 있으며 이러한 특성이 제대로 발현되기 위해서는 재배지의 환경이 매우 중요하다. 따라서 신규 개원 또는 품종 갱신 시에는 재배지의 환경을 면밀히 검토하고 그 지역에 알맞은 품종을 선택해야 한다. 만약 선택한 품종이 부적지에 심어진다면 투입 노력과 비용에 비해 좋은 품질의 과실을 기대하기 어려울 것이다. 따라서 최종 생산비에 재배 환경 개선 노력, 투하 노동력 등이 가장 적게 반영되는 품종이 효율적인 측면에서 고려될 수 있다. 그러나 전적으로 효율적인 면만으로 품종을 선택하기에는 어려운 점이 있다. 그것은 불량 환경에 적응성이 높은 품종일수록 품종 고유의 과실 품질이 그다지 높지 않다는 현실 때문이다.

나. 소비자의 기호에 맞는 품종 선택

포도는 다른 과수 작목에 비해 맛, 과피색, 향기, 무핵 등 다양한 과실 특성을 많이 갖고 있어 소비자나 재배가의 품종 선택의 폭이 넓은 장점이 있다. 농산물 수입 개방과 국민 소득 증대로 소비자의 포도 품종에 대한 기호성도 다양해지고 있다. 따라서 과거 개발도상국 시절 재배가의 소비자에 대한 일방적인 포도 품종 제공을 지양하고 다양한 소비자의 기호성에 부응할 수 있는 풍부한 향, 특이 착색, 껍질째 먹을 수 있는 무핵 포도, 특이한 모양 등의 품종 선택을 고려해 보아야 한다.

다. 생육 및 수확 후 특성과 품종 선택

선택할 품종의 재배 및 유통 안정성을 도모하기 위해서는 품종의 결실성, 내병성, 열과, 저장성, 수송성 등의 생육 특성을 면밀히 검토하여 수확 후 관리 및 재배적으로 불리한 부분을 적극적으로 고려의 대상에 포함시키고, 가능하면 수확 후 관리 및 재배 안정성에 불리하게 영향을 끼칠 요소가 있는 품종은 선택 대상에서 제외시키는 것이 좋다.

라. 재배 양식에 적합한 품종 선택

목적하는 수확 시기, 수형, 시설 재배, 생장조정제 처리 등에 맞는 품종을 선택하여야 한다. 만생종 포도는 중부 지방 노지 재배에 부적합하고 남부 지방에 적합하며 시설 재배에서는 조생인 품종이 유리하고, 생장조정제를 이용할 경우 처리 효과가 잘 나타나는 품종을 선택하여야 한다.

품종에 따라 효율적이고 적합한 수형이 다를 수 있다. 울타리식 수형으로 재배할 경우 단초 전정으로도 착립이 잘 되는 품종을 선택하여야 하고, 덕식 수형의 경우는 장초 전정이 필요한 품종도 재배가 가능하다.

마. 재배자의 기술 수준에 맞는 품종 선택

포도는 많은 품종 수만큼 다양한 재배법이 있다. 배수성별(2배체, 3배체, 4배체), 원산지별(유럽종, 미국종, 교잡종), 시설 재배, 특수 재배 등에 따라 품종에 맞는 재배 기술을 갖고 있거나 갖출 의사가 있는 재배자가 아니면 성공하기가 어렵다.

바. 이용 목적에 맞는 품종 선택

우리나라 포도는 대부분이 생식용으로 소비되지만 최근 포도주나 가공용으로 소비되는 포도량이 증가 추세를 보이고 있으므로 기존 품종의 소비 대체 차원에서 더 나아가 포도주나 가공용 전용 품종 선택도 고려하여야 한다.

사. 판매 방식에 맞는 품종 선택

수확한 포도는 도매시장 상장, 전문 판매점 납품, 인터넷 등 SNS를 통한 택배 및 직거래 등의 방식으로 판매된다. 이런 판매 방식별로 적합한 품종을 선택해야 한다. 상장이나 판매점 납품일 경우 저장성과 외관이 우수하여야 하며, 관광농원 등에서 직판할 경우 저장성이나 외관보다는 품질이 우선적으로 고려되어야 한다. 택배 시에는 수송성이 좋은 품종이 유리하다.

04. 주요 품종의 특성

가. 국내 육성 품종

① 청수(淸水, Cheongsoo)

'청수' 품종은 국립원예특작과학원에서 '시벨 9110' 품종에 '힘로드' 품종을 교배하여 얻은 실생 중에서 1993년 최종 선발한 품종이다. 숙기는 9월 상순(이하 수원 지역 기준)이며 과방중은 350g, 과립중은 3.4g 정도이다. 당도는 17.5° Bx 정도이고 산도가 0.7% 정도로 비교적 높으나 식미는 매우 우수하다. 과피는 녹황색이고 과피와 과육의 분리가 잘되어 생식용으로 좋다. 가공 적성을 검토해 본 결과

〈그림 3-2〉 청수

양조 품질이 좋아 백포도주용으로 이용하기에 적당하다.
꽃떨이 현상이 적어 결실이 잘 되지만 수세 관리가 잘 이루어지지 않으면 착과가 잘 되지 않는다. 성숙기에 과정부 열과가 발생하기도 한다. 내한성이 강해 '캠벨얼리'가 재배되는 지역에서는 무난하게 재배할 수 있다.

② 흑보석(黑寶石, Heukbosuck)

국립원예특작과학원에서 1992년 '홍이두' 품종에 '거봉' 품종을 교배하여 얻은 실생중에서 2003년 최종 선발한 품종이다. 숙기는 9월 상중순으로 '거봉' 보다 빠르며 과방중과 과립중은 각각 400g, 11g 으로 '거봉'과 유사하다. 당도는 18.3° Bx, 산도는 0.55% 정도로 식미가 매우 우수하다. 여름철 고온기에도 까맣게 착색이 잘 되고 비교적 착립·착방이 양호하다.

〈그림 3-3〉 흑보석

내한성은 '거봉'에 비하여 강한 편이고, 꽃떨이 현상이 '거봉'에 비해 적고 결실이 잘 되어 과다 결실 우려가 있으므로 송이솎기, 송이다듬기를 철저히 실시한다. 적숙기 때의 당도나 산도보다 착색이 먼저 진행되므로 미숙과 수확에 주의하여야 한다.

③ 진옥(眞玉, Jinok)

국립원예특작과학원에서 1983년 '델라웨어' 품종에 '캠벨얼리' 품종을 교배하여 얻은 실생 중에서 2004년 최종 선발 명명한 품종이다. 숙기는 8월 하순으로 '캠벨얼리'에 비해 조금 빠르거나 비슷하고, 과방중은 350g 이상이며 과립중은 6.0g으로 '캠벨얼리' 품종과 유사하다. 당도와 산 함량은 각각 15.8°Bx, 0.49%이고 과피색은 자흑색으로 착색이 잘 되며 과방형은 원추형이고 과립은 원형이다.

〈그림 3-4〉 진옥

'캠벨얼리' 품종에 비하여 수세가 약하고 내한성이 강하여 우리나라 북부 지역에서도 겨울철 무매몰 재배가 가능하다. 수확기에 탈립이나 열과 현상이 적고, 노균병과 새눈무늬병에 대한 저항성 정도는 '캠벨얼리' 품종과 유사하다.

④ 홍주시들리스(紅朱 Seedless, Hongju Seedless)

국립원예특작과학원에서 1996년에 이탈리아 품종에 '펄론' 품종을 교배하여 얻은 실생 중에서 2013년 최종 선발한 위단위 결과성 무핵 품종이다. 숙기는 9월 중순으로 만생종이다. 과방중은 538g이고 과립중은 6.0g으로 무핵 품종 중에서는 대립계에 속한다. 당도는 18.4°Bx, 산 함량은 0.62%이고 과육이 아삭하여 식미가 매우 우수하다. 풍산성으로 착립·착방이 양호하고 꽃떨이 현상이 거의 없다.

만생종으로 고품질과 생산을 위해서는 비가림 또는

〈그림 3-5〉 홍주시들리스

하우스 재배가 추천되며 적숙기까지 잎을 건전하게 유지해야 한다. 수세가 매우 강하여 중장초 전정이 요구되며 주간거리 5m 이상을 유지해야 한다. 내한성은 '거봉'과 비슷하므로 '거봉'이 재배되는 지역에서는 무난하게 재배할 수 있다.

⑤ 샤이니스타(Shiny Star)

국립원예특작과학원에서 2001년 '타노레드' 품종에
'힘로드' 품종을 교배하여 얻은 실생 중에서 2015
년 최종 선발한 위단위 결과성 무핵 품종이다. 숙기
는 9월 상순이고 과방중과 과립중은 각각 330g,
3.8g 정도이다. 당도는 19.5°Bx이며 산 함량은
0.54%로 식미가 우수하다. 껍질째 먹을 수 있는 청
포도이고 '캠벨얼리'와 비슷한 호취향이 난다.
꽃떨이 현상 및 수확기 탈립이 적다. 내한성이 강해
'캠벨얼리'가 재배되는 지역에서는 무난하게 재배할 수 있다.

〈그림 3-6〉 샤이니스타

⑥ 스텔라(Stella)

국립원예특작과학원에서 2002년 '네오마트' 품종에
'베니피쭈텔'로 품종을 교배하여 얻은 실생 중에서
2017년 최종 선발한 과립으로 도란형이며 껍질째
먹는 흑청색 품종이다. 숙기는 9월 상순이고 과방
중과 과립중은 각각 368g, 6.2g 정도이다. 당도는
18.5°Bx, 산 함량은 0.44%이고 독특한 향이 있다.
과립경이 길어 과립이 밀착되지 않아 알솎기 노력
을 절감할 수 있다. 유럽종 품종으로 고품질과 생산

〈그림 3-7〉 스텔라

을 위해서는 비가림 또는 하우스 재배가 추천되며 적숙기까지 잎을 건전하게 유
지해야 한다. 단초 전정이 가능하므로 '캠벨얼리'에 준한 재배 관리가 가능하나
수세가 강한 편이므로 관수량과 시비량을 '캠벨얼리'보다 적게 관리한다.

나. 도입 품종

① 델라웨어(Delaware)

'*Vitis labrusca*'와 '*Vitis aestivalis*'가 교배된 것으로 추정되는 우연실생을 미국에서 선발·명명한 품종이다. 숙기는 9월 상순이며 과방중과 과립중이 각각 90g, 1.5g으로 소립·소과종이다. 당도는 19.2° Bx, 산 함량은 0.2%로 식미가 우수하다. '델라웨어' 품종은 성숙일수가 짧고 연속 조기 가온 시에도 수세가 저하되지 않으며, 품질이 우수하여 우리나라와 일본에서 조기 가온 재배에 많이 이용하고 있는 품종이다.

〈그림 3-8〉 델라웨어

소립이고 종자가 크므로 지베렐린 처리한 하우스 무핵화 재배에 적합한 품종으로 정확한 시기에 지베렐린을 처리하는 것이 중요하다.

② 캠벨얼리(Campbell Early)

미국 오하이오주에서 캠벨씨가 1892년에 '무어얼리'에 '벨비데르'와 '머스캣함부르그'를 교배해서 얻은 실생을 화분친으로 하여 육성한 품종이다. 과방은 원추형으로 350g 정도이며 과립중은 6g 내외이고 과피가 약간 두꺼운 편이다. 당도는 14° Bx 정도 되고 산미는 완숙되면 적은 편이다. 육질은 질긴 편이나 과피와 쉽게 분리되며 과즙이 많다. 숙기는 8월 중하순경으로 주로 생식용으로 이용된다. 수세는 중 정

〈그림 3-9〉 캠벨얼리

도이며 내한성이 매우 강하다. 결실성이 좋아 단초 전정을 하여도 무방하다. 1결과지당 1~3개의 꽃송이가 달리는데 과다 결실되면 수세가 약해지고 품질이 저하되며 꽃떨이 현상이 생기기 쉽다. 고온 다습하면 흑두병, 갈반병, 탄저병의 발생이 심하기 때문에 이에 주의한다.

③ 거봉(巨峰, Kyoho)

1937년 일본인 다이쇼(大井) 씨가 '캠벨얼리' 4배체 대과 돌연변이인 석원조생에 유럽종 4배체 '센텐니얼' 품종을 교배하여 1955년에 최종 선발한 4배체 대립 품종이다. 숙기는 9월 하순이며 과방형이 원추형으로 과방중과 과립중이 각각 400g, 11g 이상, 당도는 19°Bx, 산 함량은 0.4%로 식미가 우수한 고품질 품종이다. 육질이 연하고 과즙도 많으며 과피색은 자흑색으로 산광 착색을 한다.

〈그림 3-10〉 거봉

수세가 극히 강하고 특히 개화기에 웃자라는 성질이 있으며 내한성은 약하다. 유목기에 수관의 확대가 빠르나 강전정을 할 경우 꽃떨이 현상이 심하고 착립이 불량해지므로 장초 전정을 해야한다. 결실이 과다하면 착색이 불량해지고 품질이 저하되기 때문에 착립 수를 조절하는 것이 좋다.

④ 자옥(紫玉, Shigyoku)

'고묵'의 조숙 변이 품종으로 1982년 일본에서 선발되었으며, '조생고묵'으로 불리기도 한다. 숙기는 8월 중순으로 대립종 중에서는 가장 일찍 성숙된다. 과방은 300g 내외로 작은 편이고 원추형이다. 과립은 11g 내외로 대립종이며 과피는 자흑색이다. 당도는 18°Bx로 높은 편이고 산미는 적으며 육질은 거봉처럼 연한 편으로 품질이 우수하다.

수세는 왕성한 편이나 거봉보다는 약하다. 내병성은 비교적 강한 편이나 내한성은 약하므로 월동에 유의

〈그림 3-11〉 자옥

한다. 화진 현상이 나타나기 쉬우므로 수세 안정을 꾀한다.

⑤ 머스캣베일리에이(Muscat Bailey A, MBA)

일본 니카타현의 가와카미(川上) 씨가 1927년에 '베일리' 품종에 '머스캣함부르그' 품종을 교배하여 얻은 실생 중에서 생식과 가공을 겸한 품종으로 선발하였다. 숙기는 10월 상순으로 만생종이고 과방중은 500g 이상으로 대과방이며 과립중은 5g 정도이다. 당도는 19° Bx, 산 함량은 0.65% 감산 조화의 생식용으로 식미가 우수하며 양조 품질도 좋아 생식·양조를 겸한 품종이다.

〈그림 3-12〉 머스캣베일리에이

착색 기간이 길어 미숙과를 수확하기 쉬우므로 숙기 판정을 잘해서 수확해야 한다. 대체로 병에 강하지만 새눈무늬병에는 약하다.

⑥ 샤인머스캣(Shine Muscat)

1988년 일본 과수연구소에서 '스튜벤'과 '머스캣오브 알렉산드리아' 품종을 교배해 육성한 '안예진21호'와 '백남' 품종을 교배하여 2003년에 최종 선발한 2배체 품종이다. 숙기는 9월 중순(가온 재배 시 7월)이며 과방중과 과립중이 각각 500~700g, 12g 이상, 당도는 19° Bx, 산 함량은 0.3%로 당도가 높은 품종이다. 과육이 아삭하고 껍질째 먹을 수 있으며 고급스러운 머스캣 향이 나는 청포도이다.

〈그림 3-13〉 샤인머스캣

신초가 생육 초기에 잘 떨어지므로 전엽 9매까지는 덩굴손만 제거하고, 그 이후에 신초를 유인 및 결속한다. 고품질 '샤인머스캣' 생산을 위해서는 만개 105일후에 수확하는데, 황록색의 과피색과 머스캣 향을 확인하도록 한다.

4

제4장

대목과 번식

01. 대목의 종류와 재배적 특성

가. 대목의 필요성

포도는 5,000~6,000년 전부터 중동과 지중해 연안에서 재배되기 시작하여 현재 북반구의 러시아부터 남반구의 남아프리카공화국과 호주까지 전 세계 거의 모든 지역에서 재배되고 있다. 지금까지 약 1만 4천여 포도 품종이 보고되었으며, 현재 약 1,000여 품종이 상업적으로 재배되고 있다. 그러나 포도 재배에 대목을 이용하기 시작한 것은 19세기 중반부터로 포도 재배 역사에 비추어 볼 때 아주 최근의 일이다. 그 이유는 포도가 발근이 잘 되고, 토양 및 기후 적응성이 우수하며, 타 과수에 비해 결과 연령이 짧아 자근묘(삽목묘)를 사용해도 재배에 특별한 문제가 없었기 때문이다. 그러나 19세기 중반 북미에서 번식된 포도 삽목묘에 진딧물의 일종인 필록세라(포도뿌리혹벌레, *Daktulosphaira vitifoliae*)가 유럽으로 도입되면서 삽목묘의 이용이 불가능해졌다. 필록세라는 유충 및 성충 상태에서 포도의 뿌리와 잎을 가해하며 피해 부위에 혹을 만들어 수세를 쇠약하게 만들고, 상처 부위를 통한 병원균 감염 통로 역할을 하여 포도를 고사시키는 무서운 해충이다. 필록세라가 유럽 전역에 전파되면서 유럽의 포도 산업이 고사 직전에 이른 적도 있다. 특히 유럽종(*Vitis vinifera*) 포도는 필록세라에 대한 저항력이 거의 없어 피해가 더욱 확산되었다. 그 해결책을 모색하던 중 미국의 야생 포도에서 필록세라에 저항성이 있는 종을 발견하게 되었고, 이를 포도 대목으로 접목해 재배한 결과 필록세라의 피해로부터 유럽의 포도 산업을 회생시킬 수 있었다.

필록세라는 건조하고 온난한 지역이나 유럽종(*Vitis vinifera*) 포도에서 많이 발생하는데, 우리나라의 여름은 비가 많고 겨울은 추우며, 재배되는 주 포도 품종 또한 미국종(*Vitis labursca*) 포도의 형질이 많이 섞인 '캠벨얼리'였기 때문에, 필록세라에 대한 걱정 없이 삽목묘를 사용하여 포도를 재배할 수 있었다. 그러나 1912~1913년 부산에서 처음으로 필록세라가 보고된 이후, 1998년 천안 '거봉' 재배지에서 심각한 피해가 발생했던 바, 더 이상 우리나라도 필록세라 안전지대라 할 수 없게 되었다. 더욱이 소득 증대 및 포도 생과 수입 개방에 따라 고품질 포도에 대한 소비 욕구도 높아져, 고품질의 유럽종 포도를 직접 재배하거나 유럽종 포도를 교배 모본으로 사용한 교잡종 재배가 늘어날 전망이어서 우리나라의 필록세라 위험도는 점차 높아질 것이다.

포도에서 처음 대목을 사용하게 된 계기는 필록세라에 대한 저항성을 획득하기 위해서다. 하지만 사용한 대목에 따라 필록세라 저항성에 차이가 있고 내습성과 내건성 등 불량환경에 대한 견딤 정도가 각기 다르며, 접수 품종을 작게 또는 크게 생장시키거나 숙기를 조절하는 등의 부가적인 특성이 보고되면서 재배 환경 및 목적에 맞게 접수 품종의 생태를 조절하기 위한 접수−대목에 대한 연구가 진행되고 있다. 그러므로 필록세라의 위험성을 줄이는 것은 물론이며 논을 성토하여 물 빠짐이 좋지 못하거나 관수가 어려운 포도원의 불량 환경에 적응하고, 특히 조기 가온을 하는 시설 재배에서 포도의 수세 조절, 꽃떨이 현상 방지 및 착색 증진 등을 위해 목적에 맞는 대목을 선택하여 사용할 필요가 있다.

나. 대목 기본종의 특성

포도 재배에 사용되는 대목은 필록세라 저항성이 강한 '강변포도(*V. riparia*)', '사막포도(*V. rupestris*)', '겨울포도(*V. berlandieri*)' 등을 기본종으로 해서 이들을 서로 교배하여 육성했다(그림4-1). 이들 기본종의 특성은 다음과 같다.

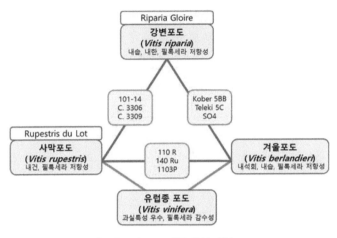

〈그림 4-1〉 포도 대목 육성 계통도

① 강변포도(*Vitis riparia*, 河岸葡萄)

캐나다와 미국의 대서양변에서 록키산맥까지 널리 분포되어 있는 자웅이주 포도이다. 즙은 짙은 홍색이며 품질이 낮아 식용에는 적합하지 않다. 내한성이 매우 강하여 일부의 경우 −57℃까지도 견딜 수 있다. 흰가루병과 노균병에 강하며, 뿌리의 필록세라 저항성은 아주 강하나 잎은 감수성이다. 미국 원산 포도 중 성숙기가 가장 빠르고, 삽목 시 뿌리가 쉽게 나며 접목 활착력도 매우 높다. 석회질이 많은 알칼리성 토양에서 생육이 부실하다. '글로아르(Riparia Gloire)', 'C.3306', 'C.3309', 'Kober 5BB', 'SO4' 등은 강변포도에서 기원하였거나 교잡하여 육성한 대목 품종이다.

② 사막포도(돌밭포도, *Vitis rupestris*, 沙地葡萄)

미국의 일리노이주, 텍사스주, 뉴멕시코주 등 남중부 지방에서 자생하는 포도로 자웅이주이다. 맛은 싱거우며 풀냄새가 난다. 뿌리는 필록세라에 아주 강하나 잎에는 병이 발생한다. 대부분의 품종은 석회질 토양에 약하며 흰가루병과 노균병에는 강하다. 이름에서도 알 수 있듯이 모래나 돌이 많은 건조한 땅에서 잘 자란다. 삽목 시 발근력과 접목 활착력이 높다. '루페스트리스 뒤 라(Rupestris du Lot)', '1202C', '101-14' 등이 이 종에서 기원하였거나 교잡으로 육성한 대목 품종이다.

③ 겨울포도(*Vitis berlandieri*, 冬葡萄)

미국의 남쪽 텍사스주와 멕시코 북부 지역에 분포하는 포도로 자웅이주이다. 맛은 시며 과즙이 많다. 수세는 강하며 신초 발아기, 개화기, 성숙기가 강변포도보다 한 달 정도 늦다. 그러나 접수 품종을 조숙, 풍산시키는 경향이 있다. 뿌리의 필록세라 저항성은 높은 편이나 잎에는 아주 드물게 암종이 형성되기도 한다. 석회질 토양에 대한 적응성이 아주 높고 내습성도 강하다. 내한성이 약하고 발근력이 낮다. 번식이 어려워 그 자체로 이용하기보다 다른 종과의 교잡을 통해 육성된 품종이 많다. '99R', '333EM', '1103P', '41B' 등이 이 종에서 기원하였거나 교잡하여 육성한 대목 품종이다.

다. 주요 대목의 특성

① 글로아르(Riparia Gloire de Montpellier)

프랑스 남부 몽펠리에 지방에서 필록세라 창궐기에 선발된 강변포도 계통의 대목으로 독일에서는 Riparia Portalis라고도 불린다. 필록세라 저항성이 아주 높고 접수 품종의 결과 연령을 앞당기며 조숙시키는 경향이 있다. 대목의 세력은 왕성하나 접수 품종을 왜화시키며, 결과 수령을 단축시키고 수확량을 떨어뜨린다. 석회에 아주 약한 단점이 있으나 착색을 양호하게하고 과실 품질을 좋게 한다. 접목과 삽목이 쉽게 된다.

② C.3309(Riparia Rupestris 3309 Couderc)

프랑스의 Georges Couderc가 1881년 '강변포도'에 '사막포도'를 교배하여 필록세라 및 석회 저항성 대목으로 선발하였으나 석회 저항성은 중 정도이며 필록세라 저항성은 아주 높다. 번식이 쉽고 잔뿌리는 적은 편이며 접수 품종을 약간 왜화시키는 경향이 있다. 건조 저항성이 아주 높고 심근성이어서 척박한 경사지용 대목으로 적당하다. 현재까지도 유럽, 미국, 일본에서 주요 대목으로 사용되고 있다. '강변포도'보다 '사막포도'에 더 가까운 특성을 보인다.

③ C.3306(Riparia Rupestris 3306 Couderc)

'C.3309'와 같은 교배 조합에서 동시에 선발된 대목이지만 건조에는 약하고 내습성은 강하여 습지에서 잘 견딘다. 'C.3309'보다 수세가 약하여 번식용 삽수의 생산이 적고, 어린 신초에 직립성 털이 밀집해 있으며, 잎 뒷면의 표면과 엽맥 그리고 엽병에 직립성 털이 있는 것이 형태적으로 'C.3309'와 다르다.

④ 101-14(Riparia Rupestris 101-14 Millardet et de Grasset)

1882년 Millardet 교수가 '강변포도'에 '사막포도'를 교배하여 선발한 대목으로 같은 교배 조합 중 '강변포도'에 가장 가까운 대목이다. '글로아르'보다 나무 세력이 강하나 'C.3309'보다는 약하다. 그러나 'C.3309'보다 접수 품종의 영양 생장 요구기간이 짧으므로 조기 수확용 대목으로 적합하다. 접목과 삽목이 잘되며 적당한 습도의 유기물이 풍부한 토양에서 잘 자라고 필록세라 저항성은 강하나 석회에 대한 내성은 약하다.

⑤ Kober 5BB(Berlandieri Riparia 5BB Selection Kober)

프랑스인 Resseguier가 1886년 '겨울포도'에 '강변포도'를 교배하여 얻은 실생들 중 헝가리의 Sigmund Teleki가 일차 선발하고 오스트리아의 Franz Kober가 최종 선발하여 'Kober 5BB'로 명명하였다. 생육이 왕성하여 삽수의 채취량이 많고 삽목 시 발근도 아주 잘되나 접목은 어려운 편이다. 내한성이 강하고, 접목묘의 생육 기간을 단축시켜 생육 기간이 짧은 북쪽 지역에서 유리하다. 접수 품종을 조숙시키며 착색이 잘되게 하고 품질을 향상시킨다. 토양 적응성이 아주 넓은 편으로 건조 지대에서도 생육이 좋고 습지에서도 잘 견딘다. 알칼리성 토양에서도 잘 자라며 토양 선충에 강하다.

⑥ Teleki 5C(Berlandieri Riparia 5C Teleki)

Alexander Teleki가 '겨울포도'에 '강변포도'를 교배하여 1922년 선발한 품종이다. 'Teleki 5C'는 'Kober 5BB'와 매우 유사한 특성을 갖고 있다. 'Kober 5BB'보다는 떨어지나 내건성이 강하며, 'C.3306'보다는 못하나 내습성도 강하여 토양 적응성이 좋다. '겨울포도' × '강변포도' 교배조합에서 육성된 대목 품종 중 접수 품종을 가장 조숙시켜 북부 지역 및 산악 지역에 알맞다. 내한성도 매우 강하고 착색이 잘 되게 하며 품질을 향상시킨다. 삽목 시 발근이 양호하고 심근성이다.

⑦ SO4(Berlandieri Riparia Selection Oppenheim No.4)

독일의 Oppenheim 포도학교에서 'Teleki's Berlandieri – Riparia No. 4'를 선발한 것으로 'SO4'란 'Selection Oppenheim No.4' 의 약자이다. 내건성과 내습성이 아주 강하며 토양 적응성이 넓고 내한성도 강하다. 필록세라, 토양 선충, 바이러스에 저항성이다. 4배체 대립 품종의 화진 현상을 감소시킨다는 보고가 있다. 접수 품종의 착색을 좋게 하며 품질을 향상시킨다고 알려져 있으나, 일본에서는 '거봉' 품종에 접목 시 착색이 좋지 않았다는 보고도 있다. 지중해 연안의 생식용 포도 주산단지에서도 가장 많이 이용되는 대목이나 접목 부위가 가늘어지는 것이 단점이다. 삽수 생산량이 많고, 삽목 시 발근력이 좋으며 접목도 잘 된다.

〈표 4-1〉 주요 대목의 특성

대목 품종	대목 열세	내한	내건	내습	근군	번식	수량	숙기	품질	착색
글로아르	극히 심함	중강	중약	강	가늘고 천근	양호	소	극히 조숙	양호	양호
C.3309	거의 없음	극강	극강	중	중	약간 불량	약간 많음	중숙	양호	양호
C.3306	약간	강	강	극강	굵고 심근	약간 불량	약간 많음	약간 조숙	양호	양호
101-14	약간	강	약간 약	약간 강	천근	양호	약간 소	극히 조숙	양호	양호
Kober 5BB	약간	강	극강	약간 약	약간 천근	중	중	약간 조숙	우량	극히 양호
Teleki 5C	있음	극강	강	강	약간 천근	중	중	조숙	우량	극히 양호
SO4	있음	강	강	강	강하고 약천근	양호	중	약간 조숙	우량	극히 양호

라. 대목 품종과 포도의 생육

초기의 대목은 필록세라에 대한 저항성이 높고 발근 및 접목이 잘되면 대목의 요건에 부합하였지만, 최근에는 불량환경 적응성 및 접목묘의 수세 조절과 같은 접수-대목 간 생리·생태 조절 기능이 부각되고 있다. 따라서 새로 육성된 대목 품종들뿐만 아니라, 기존 대목에 대한 특성 조사가 보다 세밀하게 이루어지고 있다. 그러므로 우리나라와 같이 현재 필록세라가 크게 문제되지 않는 지역에서도 접수 품종 및 재배환경에 적합한 대목을 선발하여 사용하는 것이 고품질 생력 재배를 위해 필요하다 할 수 있겠다.

① 토양 적응성

(가) 필록세라

대목 품종 육성 시 '강변포도', '사막포도'와 '겨울포도'를 양친으로 사용하는 가장 큰 이유는 필록세라 저항성이 높기 때문이다. 따라서 이들 종으로부터 유래된 거의 모든 대목은 필록세라 저항성이 강하다고 할 수 있으며, 특히 '글로아르'는 거의 완전 저항성 대목으로 보고되었다. 그러나 이들의 저항성 인자가 도입되지 않은 대목인 '333EM', '1202C', '1613C', '1616C', 'Dog Ridge', 'Freedom', 'Harmony' 및 'Salt Creek'은 저항성이 떨어지거나 아주 낮다.

(나) 토양 pH

미국 원산인 '강변포도'와 '사막포도'를 교배친으로 사용하여 대목을 육성하면 필록세라 저항성은 아주 높으나 알칼리성 토양에서의 생육은 떨어진다. 그러므로 '강변포도'와 '사막포도'의 교배로 육성된 초기 대목류인 '글로아르'와 '101-14' 등은 석회 저항성이 낮아 프랑스를 비롯한 유럽의 알칼리성 포도 주산단지에서 철결핍 증상이 자주 일어난다. 그러나 '겨울포도'는 알칼리성 토양에 대한 적응력이 높아 이를 교배친으로 사용한 'Kober 5BB', 'SO4', '110R', '420A' 등은 적응력이 비교적 높고, '겨울포도'에 유럽종 포도를 교배하여 육성한 대목인 '41B'와 '333EM'은 알칼리성 토양에 매우 강하다.

(다) 내습성과 내건성

'강변포도'를 교배친으로 사용한 대목인 '글로아르, '101-14', '420A', 'Teleki 5C', 'Teleki 8B' 등은 비교적 내습성이 강하고 내건성이 약하며, '사막포도'를 교배친으로 사용한 대목인 '110R', '140Ru', '1103P' 등은 내건성이 강하고 내습성이 약하다. 이들과 같은 교배 조합 중 'C.3309', 'C.3306', 'SO4', 'Kober 5BB'등은 내습성과 내건성 둘 다 비교적 강하여 토양 적응성이 좋은 대목들이다.

② 접수 품종의 생태 변화

(가) 수세 조절

접목묘 재식 시 접수 품종의 수세는 접수 품종 고유의 특성뿐만 아니라 대목 품종의 특성에도 영향을 받는다. 접수 품종의 수세를 강하게 하는 대목을 교화성(喬化性) 대목이라 하고 수세를 약하게 하는 대목을 왜화성(倭化性) 대목이라한다. 교화성 대목은 접목 시 대목의 뿌리가 깊고 넓게 자라고, 대목 주간의 비대생장이 활발하여 접수 부위보다 굵어지는 대승현상(臺勝現象)이 나타나며, 비교적 접목묘의 수량이 많아지고 강건해지나 숙기가 늦어지고 품질이 떨어진다. 이에 반해 왜화성 대목은 뿌리가 천근성이며 대목 주간의 비대가 접수 부위보다 늦어 가늘어지는 대부현상(臺負現象)이 나타나며, 교화성 대목 사용 시보다 접목묘의 수세가 약해져 수량이 떨어지고 수령이 단축되나 과실은 조숙되며 착색이 잘되고 당도가 높아져 품질이 향상된다.

유럽종 포도와 거봉계 4배체 품종들을 우리나라와 같은 고온 다습한 기후에서 재배하면 수세가 강하여 C/N율 불균형에 따른 꽃눈 형성 불량, 수분·수정 불량 및 꽃떨이 현상이 많이 나타나고 수확기 착색이 균일하지 않다. 따라서 이들 포도에 왜화성 대목을 사용하면 꽃떨이 현상이 방지되고 착색 및 품질이 좋아지며 조기에 수확할 수 있다. 왜화성 대목에는 'Teleki 5C', 'Teleki 8B', 'C.3309', 'C.3306', '101-14', '420A' 등이 있다. 반면 '캠벨얼리' 품종을 시설 내에서 조기 가온하여 수확하게 되면 수세가 떨어져, 3~4년간 계속해서 시설 재배하기 어렵다. 이런 경우 교화성 대목을 사용한다면 재배상의 결점을 해결할 수 있을 것으로 판단된다. 교화성 대목에는 'Rupestris du Lot', '140Ru', 'Kober 5BB', 'SO4', 'Dog Ridge', 'Salt Creek' 등이 있다. 그러나 대목이 접수 품종의 생육에 미치는 영향은 실험지의 토양 및 기후 조건,

접수 품종의 종류 등 여러 가지 요인에 의해 달라지므로 실험자에 따라 결과가 상반되게 나오는 경우가 많다.

(나) 내한성

포도가 겨울철 기온 및 지온 저하에서 견디는 정도를 내한성이라 하며, 내한성이 강할수록 겨울철 동해에 견디는 힘이 강하다. '캠벨얼리' 품종은 미국종으로 내한성이 강하여 경기도 및 강원도 북부 일부 지역을 제외하고는 겨울철 별다른 조치 없이 노지 상태에서 월동이 가능하나, '거봉'과 유럽종 포도 품종은 내한성이 약하여 중부 이북 지역에서는 월동을 위해 땅에 묻어야 한다. 포도나무가 겨울철 동해를 입는 주요 부위는 지상부의 눈과 지하부의 뿌리이다. 그러므로 지하부의 동해 피해는 대목을 사용함으로써 어느 정도 방지할 수 있다. 동해에 강한 품종은 수피 세포가 작고 조밀하며, 도관은 작고 밀도가 낮다. 또 뿌리의 수피 용적률이 낮고 물관의 용적률이 높은 품종이 내한성이 강하다. 대목 자체의 내한성과 접목 시 접수의 내한성에 미치는 영향이 정확히 일치하지는 않지만 비슷한 경향을 보인다. 내한성이 아주 강한 대목 품종은 'Rupestris du Lot', 'C.3309', 'Kober 5BB', '420A', '188-08' 등이며, 'C.3306', '1202', 'Teleki 5C', 'Teleki 8B', 'SO4' 등도 비교적 강하고 '글로아르', '101-14' 등은 약하다. 그러나 미국 미시간주립대학에서는 '5A', 'C.3309', 'C.3306'이 강하고 'Teleki 5C', 'SO4', '글로아르'는 약하며 'Kober 5BB'는 중간 정도라고 보고하였다. 또한 'SO4'를 대목으로 사용하여 접목하면 접수 품종의 내한성이 중 정도로 올라간다고 하였다.

02. 번식 방법

가. 삽목 번식

포도는 다른 과종에 비하여 뿌리내림이 좋으므로 주로 삽목을 이용하여 묘목을 번식한다. 휴면지를 이용한 노지 경지 삽목법을 주로 이용하나 상황에 따라서는 전열 삽목법 또는 미스트 시설을 이용한 녹지 삽목법을 이용하기도 한다.

① 노지 경지 삽목
(가) 삽수 조제
겨울철 포도가 휴면기에 들어갔을 때 충실히 자란 일년생 가지를 채취한다. 도장하여 마디 사이가 길거나 병해충의 피해로 조기 낙엽한 가지는 삽목 시 발근력이 떨어지므로 사용하지 않는다. 채취한 가지는 마르지 않도록 밀봉하여 저장고(약 5℃)에 보관하거나, 물이 차지 않는 곳에 얼지 않도록 묻어 보관한다.

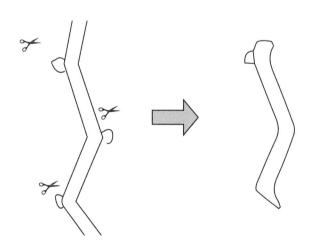

〈그림 4-2〉 포도나무의 삽수 조제

삽목 전에 삽수를 만든다. 삽수는 눈이 3개가 포함되도록 자르는 것이 좋다. 상부는 첫 번째 눈 위로 2cm 정도에서 가지에 직각으로 자르고 중간 눈은 제거하며 하부 눈은 마디를 눈 쪽으로 비스듬히 잘라 눈을 제거함과 동시에 발근 부위를 넓힌다. 발근은 가지의 마디 부근에서 잘되며, 마디에 눈이 있으면 발근이 잘되지 않는다. '머스캣베일리에이(MBA)' 등 삽목 발근력이 떨어지는 품종은 겨울철 전열 삽목상을 설치하여 발근을 시켜 삽목하거나, 삽목 전에 삽수의 기부를 2~3일 정도 물에 담아 두거나 또는 발근 촉진제인 아이비에이(IBA) 1,500ppm 용액에 5초 정도 침지 처리하여 발근력을 높인다. 아이비에이는 에틸알코올로 녹여 사용하며, 구입이 힘들면 삽목용으로 시판되는 농용 아이비에이 분말을 사용해도 된다.

(나) 삽목상 설치 및 삽목

삽목상은 그늘지지 않은 사질양토를 택하여 완숙 퇴비와 석회, 요소, 용과린, 염화칼륨를 살포한 후 곱게 로타리를 치고 폭 1m 정도의 두둑을 만들어 흑색 비닐로 멀칭한다. 멀칭 전에 토양 수분이 부족하면 관수 후 멀칭 한다. 조제한 삽수를 약 45° 각도로 상부 눈만 남기고 꽂은 다음 그 위에 얇게 흙을 덮어 준다. 삽목 시기는 지온 상승과 늦서리 피해를 감안하되 중부 지방에서는 4월 중순경 벚꽃 필 무렵이 적당하다. 삽목 후 신초가 나와 자라면 지주를 세워주고, 측지는 제거하여 외줄기로 키운다. 노균병 등 병 방제를 위해 살균제를 3~4회 살포한다.

② 전열 경지 삽목

보통의 노지 삽목으로 번식이 어려운 품종의 번식 또는 급속 대량 증식을 목적으로 전열 경지 삽목을 한다. 삽수의 조제는 노지 경지 삽목과 동일하게 한다. 삽수의 수가 모자라면 아삽을 실시할 수도 있으나 삽수의 길이가 너무 짧아지면 획득한 묘목의 소질이 약해질 수 있으므로 주의해야 한다. 삽목 시기는 노지 삽목보다 한두달 빠른 2~3월에 실시한다. 전열 경지 삽목을 하면 발근 부위의 온도는 높으나 지상부, 즉 눈의 온도는 낮아 눈의 발아보다 뿌리의 발근이 먼저 되므로 묘목의 획득률이 높아진다. 따라서 전열 경지 삽목은 삽목 시 지상부 눈의 온도를 낮게 유지할 수 있고, 발근·발아 후 노지로 이식할 때 냉해를 받지 않는

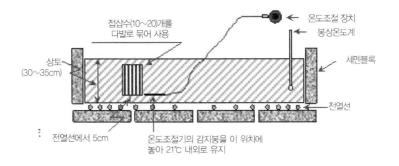

접삽수(10~20)개를
다발로 묶어 사용

온도조절 장치

봉상온도계

상토
(30~35cm)

세멘블록

전열선

전열선에서 5cm

온도조절기의 감지봉을 이 위치에
놓아 21℃ 내외로 유지

〈그림 4-3〉 전열 삽목상 설치도

시기에 해야 한다. 또한 발근에 적합하도록 토양의 온도를 조절할 수 있는 시설
이 필요하다.

전열 삽목상은 창고 등 온도 변화가 적은 음지나 공기 유통이 잘되도록 측면은
틔우고 지붕만 햇빛과 비를 막도록 씌운 하우스에 설치한다. 시판용 농용 전열
선(220V용 120m/2평)이 겹치지 않도록 늘여 온도조절기에 연결한다. 이때
양쪽 가장자리는 가운데보다 촘촘히 늘이도록 한다. 그 위에 상토로 사용할 펄
라이트에 물을 주어 20cm 정도의 두께로 깔고 삽목한다. 온도조절기의 온도
감지봉은 삽수의 발근 위치에 설치하며 온도는 20℃를 유지하도록 조절한다.
삽수에서 잎이 나와 증산 작용을 하여 상토가 마를 때까지는 관수하지 않는다.
5월경 잎이 3~4매 나오면 며칠간 삽목상의 온도를 내려 묘목을 경화 시킨 후
이식하며, 초기 5일 정도는 차광을 해주어 이식 장해를 최대한 줄인 후 일반적
인 방식으로 관리한다.

③ 녹지 삽목

생육 기간 중에 신초를 이용하여 품종을 대량 또는 급속 증식하고자 할 때는
미스트 온실에서 녹지 삽목하여 번식할 수 있다. 8월경 신초가 약간 경화되었
을 때 실시하는 것이 좋으며, 삽수의 조제는 경지 삽목과 같은 요령으로 하되
상부 마디의 잎을 1장 또는 1/3장 남기고 한다. 이때는 여름철이기 때문에 시
설 내가 고온이 되므로 차광 시설을 하고 통기에 유의해야 한다. 삽목용 상토는
펄라이트만 사용하거나 혼합해서 사용하는 것이 적당하다.

나. 접목 번식

우리나라에서 포도는 지금까지 삽목에 의한 자근묘가 주로 재배되어 왔다. 그러나 지금까지 크게 문제되지 않았던 뿌리혹벌레 등 토양 병해충과 배수 불량 등에 의한 생리 장해 발생이 고품질 포도 생산의 장해 요인으로 대두됨에 따라 대목을 이용한 접목묘 재배 필요성이 검토되고 있다. 일반적인 포도 접목 방법으로는 가지접과 눈접이 있으며, 가지접에는 녹지접과 경지접이 있다.

① 녹지 접목

녹지접은 방법이 쉽고 접목 활착률도 높은 편이므로 포도 재배 농가에서 자가 사용 목적으로 접목묘를 양성하고자 할 때 사용할 수 있는 접목법이다. 상업적으로 대량 생산을 목적으로 한다면 접목 시간이 많이 소요되고 기계화가 어려우므로 적합한 방법은 아니다.

녹지접은 대목 생육기에 접목 하는 것으로, 대목을 심은 묘 재배지에서 접목 하는 거접(居椄) 형태로 이루어진다. 접수는 생육지를 사용할 수도 있고 휴면지를 사용할 수도 있는데, 대목을 삽목하여 건강하게 키우는 것이 접목 성공 여부를 결정하는 중요한 요소이다. 특히 접수를 녹지로 사용할 경우 접수도 생육 상태에 있으므로 대목에서 수액이 올라오는 힘이 약하면 접목 후 접수가 먼저 고사되므로 대목이 강건해야 한다. 따라서 당해에 대목을 삽목하여 접목하려면 대목의 뿌리가 잘 내릴 수 있도록 묘 재배지의 토양 관리를 철저히 해야 하며 가능하면 뿌리가 완전히 활착한 다음 접목하는 것이 좋다. 그러나 접목 시기를 너무 늦추면 접목 활착 후 접수가 생육할 기간이 짧아 겨울에 동해를 입을 수 있으므로, 대목 상태가 불량하면 한 해 더 생육시킨 후 접목하는 것이 접목 활착률 향상에 좋다. 2년생 대목에 접목하는 경우 가능하면 대목을 이식하지 말고 그 자리에서 계속 키워 뿌리가 조기 활착될 수 있게 하는 것도 접목률을 향상시키는 방법이다. 대목의 생육이 강건하면 5~7월이 접목 적기이지만, 대목이 강건하다 하더라도 너무 이른 시기에 접목하면 접목 시 온도가 낮아 활착률이 떨어지므로 기온이 25℃ 이상일 때 접목하는 것이 좋다.

녹지를 접수로 사용할 경우 대목 굵기와 비슷한 가지를 채취하고, 채취 즉시 잎자루 1~2cm만 남기고 잎을 제거한 후 물에 꽂아 마르는 것을 방지해야 한다. 대목의 접목 부위는 땅에서 약 20cm 내외가 적당하나 포도 대목은 사과의 왜성 대목과 달리, 대목의 길이가 생육에 미치는 영향이 크지 않으므로 그렇게 중요하진 않다. 다만 너무 짧게 하였을 경우 접수 부위에서 뿌리가 나와 대목 사용의 효과를 보지 못하므로 주의해야 한다. 경부의 경우 너무 딱딱하여 접목 시 힘들고 대목이 쪼개질 염려가 있고 신초의 선단은 너무 약하여 접목하기 어렵기 때문에 보통 생육지의 경부와 연부 경계 지점에 접목하는 것이 활착률이 높다는 보고가 있으나 접목면의 위치에 따른 큰 차이는 없다. 추운 지역에서 내한성이 강한 대목을 사용할 경우 대목의 길이가 길면 접목묘의 내한성이 좋아진다는 보고가 있다.

① 대목의 마디 사이를 수평으로 자름
② 2cm 정도 수직으로 가름
③ 접수 하단을 쐐기 모양으로 조제하여 형성층 부분을 맞추어 끼우고 접목 테이프로 묶음
④ 접목이 완료된 후 접수 끝에 수액이 맺힘
⑤ 접목 활착되어 건전하게 자라는 모습

〈그림 4-4〉 녹지 접목 모습

녹지 접목 방법으로 주로 할접과 절접이 이용된다. 할접은 접수와 대목의 굵기가 같을 경우와 연부와 연부간의 접목 시 활착률이 높으며, 절접은 접수와 대목의 굵기가 상이할 경우와 경부와 경부 접목 시 효과적이다. 할접 시 접수는 눈이 크고 충실한 것 하나만 사용한다. 눈 위로 약 1cm 부위에서 절단하며, 눈 아래 1cm 부위부터 2cm 정도의 길이로 조제한다. 이때 접수가 마르는 것을 막기 위해 접목 시까지 입에 물고 있기도 한다. 대목은 접목 부위를 정한 후 위부분을 잘라내고 절단면 정가운데를 2cm 정도 아래로 자른 후 미리 조제한 접수를 끼워 넣는다. 이때 접수와 대목의 굵기가 같으면 양쪽의 부름켜를 다 맞출 수 있으나 그렇지 못할 경우는 한쪽의 부름켜만 맞춘다. 접목 후 비닐 접목 테이프나 파라핀 접목 테이프를 사용하여 아래에서 위쪽으로 감아준다. 접수의 윗 부분은 비닐로 감거나 증발 억제 도포제를 발라주는데, 사과 등에서 주로 사용하는 지오판 도포제는 부란병 치료제로 포도 생육지에 약해를 입히므로 좋지 않으며 액체 파라핀 등이 좋다. 성공적으로 활착되어 접수가 생육하면 대목 부위에서 나오는 덧가지를 모두 따주어 접수 부위로 영양분이 전달되도록 관리해야 한다.

접수로 휴면지를 사용하면 녹지를 사용할 경우 보다 접목 활착률이 더 높아진다. 그러나 겨울철 눈이 충실한 휴면지를 골라 물을 적신 톱밥 등으로 마르지 않게 한 후 접목 시까지 4℃로 냉장 보관해야 하는 어려움이 있다. 접목 방법은 녹지를 사용할 때와 같다.

② 경지 접목

대목과 접수를 휴면지로 사용하여 접목하는 방법으로 손접과 기계접이 있다. 손접은 혀접(舌椄)이 주로 사용된다. 혀접은 접목하기는 쉬우나 접목 부위에서 대목과 접수가 정확히 일치하지 않는 단점이 있어 혀접을 기본으로 개량된 방법이 사용된다.

대목의 길이는 25~30cm 정도가 적당하며 접수의 길이는 5cm 정도가 적당한데, 대목은 눈을 제거하고 접수는 눈 한 개를 사용한다. 대목과 접수는 가을철 낙엽 후 충실히 자란 가지를 채취하여 저온저장고에 마르지 않게 보관해 사용한다. 접목 시 대목과 접수 모두 물에 하루 정도 침지하면 접목 활착률을 높일 수 있다. 접목 후 파라핀으로 접목 부위 이상을 도포하고, 수확상자에 물에 적신 피트모스를 채워가며 접목묘를 넣은 후, 약 30℃ 고온에서 마르지 않도록 2~3주 정도 고온 처리를 한다. 고온 처리기간 동안 접목 부위는 활착이 되고 눈은 발아되기 직전 상태가 되며 뿌리에는 근원기가 형성된다. 고온 처리 후 파라핀으로 다시 한 번 도포한 후 묘 재배지에 삽목하고 비닐 멀칭한다. 전열 삽목상을 사용하기도 하나 눈을 발아시킨 후 이식하면, 전열 삽목상에서 발근된 뿌리는 이식 장애로 제 기능을 하지 못하고, 잎에서는 계속 증산 작용이 이루어지므로 득묘율이 떨어진다. 따라서 전열 삽목상을 사용할 경우는 지피포트 등 자연분해성 포트를 사용하여 전열 삽목상에서 발근된 뿌리가 묘 재배지 이식 후에도 기능을 할 수 있도록 하는 것이 좋다. 자동 접목기를 사용하면 손접보다 쉽게 접목할 수 있다.

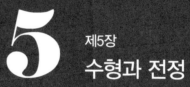

5

제5장

수형과 전정

포도나무 수형은 오랜 세월동안 그 지역의 자연적 조건인 강수량, 온도 및 토양 조건 등에 적응하여 겉으로 보기에는 매우 달라 보인다. 수형 구성의 원리는 우수한 품질의 포도를 매년 안정적으로 생산하기 위해 영양 생장과 생식 생장의 알맞은 균형을 잡는 데 있다.

수형의 종류는 재배 형태에 따라 크게 울타리식과 덕식으로 구분할 수 있다. 우리나라와 같이 생육기에 비가 많은 지역은 수세 안정 측면에서 덕식 수형이 바람직하나 작업 효율성을 고려해 울타리식을 이용하고 있다.

울타리식에는 웨이크만형, 개량먼슨형, 우산형, 개량일자형 등이 있으며 주로 '캠벨얼리' 및 'MBA' 등은 단초 전정이 가능한 품종에서 이용한다. 또한 거봉계 품종 중 무핵 재배 품종에서도 이용한다. 덕식 수형에는 축소X자형, X자형 및 일자자연형 등이 있으며 주로 거봉계 품종의 유핵 재배 시 이용하고 있는데 점차 감소하는 경향이다.

01. 수형

가. 울타리식 수형

① 웨이크만형(Wakeman's training system)

우리나라에서는 '캠벨얼리' 품종에 가장 많이 이용하고 있는 수형으로 단초 전정이 가능하다. 수형 형태는 2.0m 길이의 지주를 50cm 깊이로 묻고, 지상

1.5m 높이에서 90cm 정도의 막대를 가로로 대어 T자형으로 고정시킨다. 가로 막대의 양쪽 끝에는 신초 유인선을 설치하고, 지상에서 90cm 되는 곳에 주지 유인선을 설치한다. 포도나무는 심은 후 주지를 한방향 또는 양방향으로 유인하여 재배하는 형태이다(그림 5-1). 웨이크만형의 단점은 송이 착과 높이가 1.0m 정도로 낮아 송이 다듬기, 송이 솎기 및 봉지 씌우기 등의 작업이 불편하다. 신초도 비스듬하게 생장시켜 강우량이 많은 우리나라에서는 영양 생장이 지나치게 클 수 있다. 또한 송이 착과 위치가 낮아 강우 시 지상에서 튀어오른 빗물에 의한 병해 발생의 위험성도 있다.

② 개량먼슨형

경북 영천 지역에서 주요 사용하는 수형으로 1단 주지 유인선의 높이는 지상 90cm이고, 그 위 50cm 정도에 60cm의 가로 막대를 설치한다. 가로대 양쪽에 2단 유인선을 설치하고, 그 위로 다시 50cm 정도에 3단 유인선을 설치한다(그림 5-2). 이 수형은 웨이크만형처럼 신초를 양쪽으로 유인하여 펼치는 형태가 아닌 2단 유인선으로 유인한 후 3단 유인선에 모아 유인하는 형태이다. 신초를 좌우로 펼쳐 광을 최대로 이용하는 수형에 비해 안쪽 잎이 복잡하여 광 효율성이 떨어지는 것으로 보이나 열간 좌우로 햇빛이 들어오는 수형이다.

〈그림 5-1〉 웨이크만형

〈그림 5-2〉 개량먼슨형

③ 개량일자형

웨이크만형은 송이의 착과 위치가 허리 아래로 낮아 허리 무릎 등에 무리를 주고 그와 반대인 덕식은 송이 위치가 머리 위에 있어 팔, 목 등에 통증을 유발할 수 있어서 작업의 효율성이 낮다. 따라서 재배 농가의 가슴 부위에 송이가 착과하도록 웨이크만형과 덕식의 장점을 모아 개선한 것이 개량일자형이다(그림 5-3).

개량일자형은 주지 유인선의 높이를 지상 1.4m 내외에(재배 농민의 키에 따라 조절) 설치한 후 새 가지를 덕면까지는 비스듬하게 생장시킨다. 덕면에서는 새 가지를 수평으로 유인하여 생장시키므로 강수량이 많은 우리나라에서는 수세 안정에 적합한 수형이다. 그러나 주지와 덕과의 거리가 떨어져 있어 신초가 바람에 의해 떨어지거나 부러질 수 있어 신초 유인선을 2~3개 정도 설치해야 한다.

④ 우산형

우산형은 충북 영동 지역의 극히 일부 농가에서 이용하는 수형으로 점차 감소하고 있다. 수형 구성은 비교적 쉬우나 수관 확대가 어렵고 송이의 착과 위치가 매년 바깥 방향으로 진행한다. 또한 성목이 되면 주간 주위에는 송이가 착과되지 않은 도넛 형태로 된다.

수형 구성 방법은 묘목 재식 후 1.0m 정도 생장할 때 순지르기하여 새 가지를 받아 주지를 3~4개 형성시킨다. 2년째에 주지마다 2개의 새 가지를 받아 부주지를 6개 구성한 후 3년째에 재차 새 가지를 받아 12개의 결과모지를 만든다(그림 5-4). 밀식 재배 시 이와 같이 수형을 구성으로 간벌하기가 어려워 재식 4~5년 차부터 밀식에 따른 생리 장해가 일어나기 쉬워 수세 조절에 유의해야 한다.

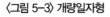

〈그림 5-3〉 개량일자형   〈그림 5-4〉 우산형

나. 덕식 수형

우리나라의 덕식 수형은 거봉계 품종을 유핵 및 무핵 재배할 때 주로 이용하므로 유핵 재배과 무핵 재배를 구분해서 수형을 구성한다.

① 유핵 재배 수형

거봉계 품종의 주산지인 천안, 안성 등에서 이용하는 축소X자형은 일본의 X자형과 유사하지만 좁은 재식 거리로 축소된 형태이다. 최근 거봉계 유핵 재배 수형인 일자자연형은 주지를 좌우로 2개 받아 수세 조절을 용이하게 할 수 있다.

(가) X자형

일본의 대표적인 자연형 정지 방법으로 주지가 X자가 되도록 하고, 전정은 장초 전정을 중심으로 중초 및 단초 전정을 동시에 사용할 수 있다. 재식 거리가 넓어 수세 조절이 용이하므로 세력이 강한 거봉계 품종에서 주로 이용되고 있다. 그러나 X자형은 정지 전정이 어렵고 수형 구성에 많은 시간과 노력이 소요된다. 천안, 안성 등에서는 거봉계 품종의 내한성이 약하다는 인식으로 겨울철에 토양 매몰하여 극히 일부 농가에서만 사용하는 수형이다.

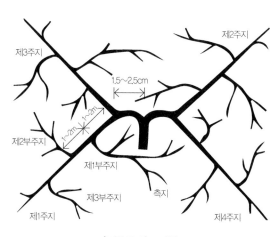

〈그림 5-5〉 X자형

(나) 축소X자형

우리나라 거봉계 품종의 주산지인 천안, 안성 지역에서 주로 이용하는 축소X자형은 일본의 X자형과 유사한 형태이다. 겨울철 토양 매몰을 고려해 주간거리를 1.2~3.6m로 좁게 심은 후 부주지 없이 주지에 곁가지를 길게 형성시키고 결과모지를 매년 중·장초 전정한다. 단점은 겨울철 토양 매몰로 재식 거리가 좁아 재식 4~5년부터 강전정에 의해 세력이 강해진다. 포도나무의 지하부와 지상부의 불균형은 꽃떨이 현상 등 각종 생리 장해를 유발할 수 있어 수세 조절에 주의해야 한다.

〈그림 5-6〉 축소X자형

(다) 일자자연형

일자자연형은 일자형에 익숙한 우리나라에서 거봉계 품종에 적합한 수형으로 주지를 2개로 구성한다. 주지가 2개이므로 수형 구성 및 관리가 손쉽고 전정 시 문제되는 자람새 약해지는 가지 발생도 적다. 주지에 부지를 짧게 형성시키고 측지에 결과모지를 세력에 맞게 장초, 중초, 단초 전정을 한다. 일자자연형의 결과모지는 주지 좌우 45cm 내에 대부분 형성되어 송이 다듬기, 송이 솎기 및 수확 등의 작업 시 움직이는 거리가 짧다. 특히 축소X자형에 비하여 작업시간이 적게 소요되고 비가림 시설 내에 송이는 100%, 잎은 80~90% 정도 들어가 비가림 효과도 높다. 또한 주지는 좌우로 하나씩 형성시켜 주지 간에 세력조절이 쉽고, 간벌에 의한 주간 거리 확대도 손쉽게 할 수 있어 세력조절이 쉽다.

〈그림 5-7〉 일자자연형

② 무핵 재배 수형

평덕식은 거봉계 품종 무핵 재배의 가온 및 무가온 시설 재배에서 이용하고 있다. 송이가 머리 위에 착과되어 생육 초기 작업이 불편하여 이를 개선한 수형이 개량 평덕식이다. 개량평덕식은 거봉계 품종의 무핵 재배와 세력이 강하면서도 착립이 우수한 유럽종 품종에 적합하다.

(가) 평덕식

평덕식 수형은 강우량이 많은 일본에서 발전한 수형으로 주간을 덕면까지 생장시킨 후 덕면에서 주지를 일자형, U자형, H자형 등으로 구성한다. 신초는 주지와 직각 방향으로 생장시켜 생육 초기에 신초가 떨어지기 쉽다(그림 5-8). 수형 형태는 덕면 위에서 볼 때 주지의 형태에 따라 일자형, H자형, WH자형, U자형 등으로 구분한다.

〈그림 5-8〉 평덕식 수형과 착과 위치

1) 일자형

일자형은 덕면에서 주지를 양방향으로 2개를 받아 생장시킨 형태로 평덕식 수형 중에서 가장 간단한 형태이다. 주지 간격은 품종에 따라 차이가 있는데, 수세가 강한 거봉계 및 유럽종은 주간 3.0m, 간벌 후 주지 길이는 한방향으로 7~8m 정도가 적당하다. 단점은 송이가 덕면에 근접해 있어 송이 다듬기, 송이 솎기, 지베렐린 처리 등의 작업효율이 낮다. 또한 주지 길이는 주지 아래쪽의 발아 불량을 방지하기 위해 6.0~7.0m로 한정하므로 세력이 아주 강한 품종에는 적합하지 않다.

2) H자형

H자형은 주간을 덕면까지 생장시키고, 덕면에서 주지가 약 1.0~1.5m 정도 생장하면 끝부분을 직각 방향으로 유인하여 생장시킨다. 또한 주간의 위쪽 부분에서 곁순이 발생하면 반대 방향으로 생장시킨다. 이듬해에는 주지를 연장해서 생장시키거나 반대 방향으로 신초를 받아 H자형을 구성한다. 주지 수가 일자형보다 많으므로 수관을 쉽게 확대할 수 있으므로 비옥한 땅이나 수세가 강한 거봉계 품종에 적합하다.

3) U자형

U자형은 경사지에서 사용하는 수형으로 경사 윗방향으로만 주지를 2개 생장시킨다. 주지가 경사 아래쪽으로 생장하면 신초 생장이 불량하게 된다. 주지 간격과 주지 길이는 일자형과 동일하다.

(나) 개량평덕식(일자형, H자형, U자형)

평덕식 형태의 일자형, H자형, U자형 등이 나름대로 장점이 있지만 송이가 덕면에 착과하여 생장조정제 처리, 송이 다듬기, 송이 솎기 등의 작업 시 어깨와 목에 통증을 발생시킬 수 있어 작업 효율성이 떨어진다. 따라서 작업 효율성 향상을 위해 주지 유인선을 덕면보다 30cm 정도 낮은 1.5m 정도에 설치한다. 주지 높이가 1.5m로 구성되면 생육 초기 생장조정제 처리, 송이 다듬기, 송이 솎기 등의 작업을 효율적으로 할 수 있다(그림 5-9). 개량평덕식도 평덕식과 동일하게 일자형, H자형, U자형 등을 구성할 수 있다.

〈그림 5-9〉 개량평덕식 전정 및 착과 위치

02. 수세 판단

가. 수세 판단

우리나라 포도 재배는 초기 수량 증대를 위해 밀식되어 평균 재식 거리가 '캠벨 얼리' 2.4m×2.4m(173주/10a), '거봉' 3.6m×1.8m(154주/10a)이다. 이와 같은 재식 거리는 매년 동일하게 유지하여 지하부와 지상부의 균형이 맞지 않아 나무의 수세가 강해진다. 이와 같이 신초의 세력이 강해지면 꽃떨이 현상, 성숙기 신초 늦자람 등의 생리 장해로 수량 및 품질을 떨어뜨린다.

포도나무의 수세는 주간부의 굵기, 신초의 굵기, 수관 면적, 절간장 등 여러 가지 방법으로 측정하고 있다. 이와 같은 생리적인 생장량보다 더 중요한 것은 포도를 수확하는데 무리 없는 정도의 수세를 판단하는 것이다. 가장 간편하게 나무의 수세를 판단할 수 있는 방법 중 하나는 전년도의 신초인 결과모지의 굵기를 바탕으로 측정하는 것이다. 전년도에 세력이 강한 신초는 올해에도 세력이 강하여 가지가 굵어져 나무의 세력이 강하다고 판단한다. '캠벨얼리' 품종은 (그림 5-10)에서와 같이 결과모지의 굵기가 8.0~10.0mm일 때 착립 및 품질이 우수한 송이가 많이 나타나 포도 성숙에 적합한 결과모지의 굵기라 할 수 있다.

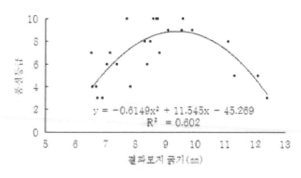

〈그림 5-10〉'캠벨얼리'의 결과모지 굵기에 따른 품질 등급

겨울철 전정 시 첫 번째 눈과 두 번째 눈 사이의 굵기가 8.0~10.0mm이면 적정한 수세이고, 이보다 굵으면 강한 수세로 꽃떨이 현상이 우려된다. 반면 이보다 얇은 신초는 착립은 우수하지만 엽면적 부족에 의해 상품성은 떨어질 수 있다.

거봉계 무핵 재배는 생장조정제 처리로 착립시켜 꽃떨이 현상은 없지만, 세력이 너무 강하면 신초 웃자람으로 착색 불량이 될 수 있다. 따라서 거봉계 무핵 재배의 적정 결과모지 굵기인 11.0~13.0mm로 관리해야 한다.

결과모지 굵기로 수세를 진단하기 위해 (그림 5-11)과 같이 간이 수세 판단기를 이용하면 보다 간편하게 나무의 수세를 판단할 수 있다.

〈그림 5-11〉 결과모지 측정 위치(좌)와 수세 판단기(캠벨얼리, 중; 거봉계, 우)

나. 간벌

포도나무는 초기 수량 증대를 위해 계획 밀식 재배로 재식 4~5년차부터 간벌해야 하는데, 초기 밀식한 재식 주수를 그대로 유지하다가 꽃떨이 현상 등의 밀식장해가 발생한다. 특히 농가들은 간벌하면 생산량이 감소한다고 생각하지만 주지 연장지를 활용해 간벌하면 감소하지 않는다.

간벌 필요 과원은 ①개화기 전후 꽃떨이 현상 발생 우려가 있거나 발생한 포도원 ②나무 세력이 강하여 단근(뿌리 끊기) 및 환상박피한 포도원 ③착색 초기(7월 하순)에도 곁순이 왕성하게 생장하는 포도원이다.

간벌은 수확 직후 또는 동계 전정 때 하는데, 저장 양분 축적관계를 고려하면 수확 직후에 하는 것이 바람직하다. 간벌 방법은 간벌수를 베어 내고 간벌수 방향으로 자란 주지 끝의 가지를 둥글게 유인하여 주지 연장지로 확보한 후 3월 하순~4월 상순경에 주지 연장지를 수평으로 유인하여 주지 유인 철선에 결속한다. 이때 주의할 점은 주지 연장지를 수확 직후 또는 동계 전정 시 수평 유인하면 가지 아래 부분이 갈라지므로 주의해야 한다.

포도 샤인머스캣 품종의 최종 주간 거리는 품종, 토양, 수세, 재배 기술 등에 따라 다르지만 삽목묘는 약 6.0~7.0m이며, 접목묘는 10.0~15.0m 정도이다. 이 정도의 주간 거리에서도 수세가 강하면 재차 간벌한다(그림 5-12).

〈원로 과수인의 안타까운 소회〉
1960년대부터 '캠벨얼리' 품종으로 웨이크만식, 평덕식 등 수형 시험을 하여 웨이크만식, 주간 거리 5.4m를 지도 사업에 옮겼으나 포도 재배 농가들에 의해 받아들이지 않았던 것은 안타까운 일이다(p 307, 園藝硏究所 五十年, 2003, 농촌진흥청 원예연구소).

〈그림 5-12〉'캠벨얼리' 품종 주지 연장지 확보(좌) 및 주간 거리 확대(우)

포도 '캠벨얼리(8년생)' 품종이 강한 세력으로 꽃떨이 현상이 심하여 주지 연장지를 활용해 간벌하였다. 먼저 겨울철 전정 시 주지 연장지를 활용하여 주간거리 2.7m를 5.4m로 확대하였고, 2월 중순경에 주지 연장지 기부부터 상단 1/3 부분까지 모든 눈에 아상 처리하였다.

간벌구는 주지 연장지에 의해 주간 거리가 5.4m로 확대되었으며 신초 수도 55.9개/주로 증가되었다. 반면 무처리는 주간 거리에 변화가 없어 나무당 신초 수도 35.1개/주로 적었다. 수량에 직접적으로 영향을 주는 신초당 송이 착과율은 간벌구에서 1.75로 나타나 무처리의 0.80보다 현저히 높았고 나무당 송이 수도 간벌구는 97.6송이/주로 무처리의 28.0송이/주보다 높았다(표 5-1).

〈표 5-1〉 '캠벨얼리' 품종의 간벌에 의한 신초 수, 송이 수 및 착과 수

구분	주간 거리(m)	재식 주수 (주/10a)	개/주		신초당 착과 수 (개)
			신초	송이	
간벌	5.4	69	55.9	97.6	1.75
무처리	2.7	137	35.1	28.0	0.80

자료 : 국립원예특작과학원, 2006

신초 수는 간벌 1년차에 3,447개/10a로 무처리의 4,810개/10a보다 적지만, 간벌구의 착과율이 1.75로 높아 송이 수는 간벌구에서 6,032개/10a로 무처리의 3,837개/10a보다 많았다. 또한 간벌구의 균일한 착립으로 평균 송이 무게도 394g으로 무처리의 256g보다 높아 생산량이 2,376kg/10a로 무처리의 983kg/10a보다 약 2.4배 높았다(표 5-2). 품질은 간벌구의 착과량(1.5송이/신초)을 착색 초기까지 조절하여 차이 없었고, 농가에서 가장 염려하는 생산량 감소도 주지 연장지를 활용해 없었다.

〈표 5-2〉 '캠벨얼리' 품종의 간벌에 의한 생산량 및 품질변화

구분	신초 수 (개/10a)	송이 수 (개/10a)	송이 무게 (g)	과립중 (g)	당도 (°Bx)	산도 (%)	수량 (kg/10a)
간벌구 (5.4m)	3,447	6,032	394	5.3	16.8	0.52	2,376
무처리 (2.7m)	4,810	3,837	256	6.0	16.5	0.53	983

자료 : 국립원예특작과학원, 2006

03. 전정

포도나무 전정은 품종의 특성에 맞게 해야 하는데 지상부와 지하부의 균형을 맞추어 주는 것이 중요하다. 포도나무의 지하부는 뿌리 끊기를 하지 않으면 매년 새로운 뿌리가 생장하므로 그에 따라 지상부 눈의 수도 늘려야 한다.

가. 단초 전정

포도나무의 단초 전정은 전년도에 자란 가지의 아래쪽 두 눈을 남기고 자르는데, 농가에서 첫 번째 눈 위치를 혼동하여 두 눈 전정했다고 생각하는데, 실제로 세 눈 전정한 사례 많다.

첫 번째 눈의 위치는 기저아 바로 위쪽에 있는 눈으로 첫 번째 눈을 확인한 후 두 눈 전정으로 송이의 달리는 높이가 올라가는 것을 방지한다. 전정 방법에 따라 열매 달리는 위치는 한 눈 전정 1.0cm 이내, 두 눈 전정 2.0~3.0cm, 세 눈 전정 5.0~7.0cm 정도 올라간다. 이듬해 전정할 때 두 번째 눈에서 발생한 가지를 잘라내고, 첫 번째 눈에서 발생한 가지를 두 눈 전정하면 한 눈 전정 효과와 동일하다(그림 5-13).

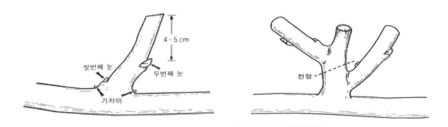

〈그림 5-13〉 포도나무 단초 전정 및 이듬해 단초 전정 시 한 눈 전정 효과

나. 2년생 포도나무의 전정

전년도에 심은 포도나무의 가지는 한방향(ㄱ자형) 또는 양방향(T자형)으로 주지 유인선에 결속하여 생장했다. 겨울철 저온 및 가뭄 등으로 말라 죽은 가지 끝부분을 잘라낸 후 가지 굵기를 확인하여 7.0mm까지 주지로 사용한다(그림 5-14). 일부 농가에서는 원가지의 발아율 향상을 위해 짧게(7~9마디 정도) 자르는데 주지의 길이가 세력에 비해 짧으면 세력이 너무 강해져 좋지 않다. 또한 가지 발아율은 봄철 물관리와 밀접하므로 3월 상순부터 5일 간격으로 15.0톤/10a씩 관수하면 3.0m 이상 가지의 발아율도 높다.

지난해 심은 묘목의 생육이 불량하여 새 가지가 주지 유인선에도 도달하지 못 한 것은 두 눈 또는 세 눈 정도 남기고 잘라낸 후 다시 키운다. 가지의 굵기가 18.0mm 이상으로 굵으면 발아율은 떨어질 수 있으므로 아상 처리 후 주지 유인선 아래로 약 45° 정도로 떨어뜨린다(그림 5-14). 가지의 눈에서 발아하여 1~2cm 생장하면 주지 유인선에 유인 및 결속한다. 발아한 가지를 유인선에 늦게 올리면 새 가지가 떨어질 수 있으므로 주의해야 한다.

〈그림 5-14〉 전년도 심은 묘목의 전정 위치 및 자람새 강한 원가지의 하향 유인 기술

다. 장초 전정(하향 유인 전정)

거봉계 유핵 재배의 장초 전정은 개화기에 꽃떨이 현상을 효과적으로 방지할 수 있는 기술로서 생육기 가지 생장량을 고려해 가지를 자르는 것이 아니고, 이용

가치가 없는 고사된 가지를 중심으로 자르는 약전정을 한다. 약전정 후 수관이 복잡한 부분은 세력이 강한 가지를 덕면 아래로 하향 유인시켜 착립기까지 세력 조절지로 이용하고, 덕면에는 가지 길이 0.5~1.5m 정도로 눈이 크며 잘 등 숙된 가지를 남긴다(그림 5-15). 약전정은 나무당 눈 수를 많이 남겨 뿌리에서 흡수된 무기 성분과 수분 등이 눈에 적게 공급되어 잎에서 생성된 탄수화물을 적게 소모하므로 꽃떨이 현상이 방지된다.

〈그림 5-15〉 동계전정 시 하향 유인 전정(좌) 및 착립기 모습(우)

MEMO

제6장

결실 관리

01. 눈

포도 눈은 1년생 가지의 각 마디에 있고, 이 눈 속에는 다음 해 생장할 신초와 꽃송이가 형성되어 완숙하면 인편과 솜털로 덮인다. 또한 한 개의 눈 속에는 주아 1개와 부아 2개가 함께 있는데 하나의 눈처럼 보여 겹눈 또는 단순히 눈이라고 한다. 눈은 신초가 생장하는 동안 잎 겨드랑이에 형성되어 자란 것으로 가지의 생장이 정상적으로 이루어질 때는 그대로 눈으로 남아 있지만, 눈 바로 앞부분이 절단되거나 지나치게 잎이 많이 떨어지면 당년에 발아하여 가지의 역할을 한다.

곁순은 신초가 생장하는 동안 자라는데 수세가 안정된 나무에서는 생장을 멈추어 등숙되지 않고 떨어지지만, 수세가 강한 경우 대부분 곁순은 생장을 계속하여 순지르기에 많은 노동력이 소요되고 있다.

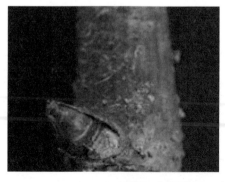
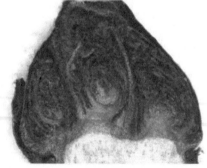

〈그림 6-1〉 월동기 포도 눈(좌), 포도 눈의 단면(우)

02. 꽃송이와 꽃

포도 꽃송이는 봄에 싹이 터 나온 신초가 50~80cm로 생장하면 신초의 아래쪽에 1~4개의 꽃송이 시원체가 잎 반대쪽에 분화한다. 꽃송이 시원체는 늦여름까지 생장하다가 그 후 생장을 멈추어 월동한다. 꽃송이와 덩굴손은 동일한 기관으로 나무 상태가 불량하면 꽃송이가 덩굴손으로 변화한다. 포도 꽃은 총상원추(叢像圓錐) 꽃차례인데 크기가 작아 지름이 4.0~5.0mm 정도이다. 꽃의 구조는 5개의 조각으로 된 꽃받침, 녹색을 띤 5개의 꽃잎이 서로 붙어 하나가 된 꽃부리, 5개의 수술, 1개의 암술로 구성되어 있다. 꽃부리는 개화할 때 밑부분에서 분리되어 떨어지는데 이때 수술대가 퍼지면서 꽃가루가 분산되어 인접한 꽃에 가루받이가 이루어진다. 포도 꽃은 정상적인 암술과 수술을 다 갖춘 양성화, 수술만 있고 암술은 없거나 생리적으로 기능을 못하는 수꽃 그리고 암술은 정상적이지만 수술이 없거나 형태적으로 기능을 갖추지 못한 암꽃 등 세 가지로 구분된다.

〈그림 6-2〉 포도 꽃의 개화

03. 결과 습성

포도나무는 가지의 마디마다 지난해에 형성된 눈에서 화수가 달린 신초가 자라 꽃이 피고 송이가 결실한다(그림 6-2). 이 신초를 결과지라 하고 결과지가 나온 지난해 가지를 결과모지라고 한다. 따라서 포도나무에서는 겨울에 전정할 때 사과, 배, 복숭아와는 달리 열매가 달리는 결과지를 볼 수가 없으며 결과지가 나오는 결과모지를 전정하게 된다. 신초에는 2~3개의 화수가 달리는데 품종에 따라서는 4~5개가 착생되는 경우도 있다. 화수의 기원과 발생 위치는 덩굴손과 같아 일반적으로 신초의 셋째 및 넷째마디에 형성되고 다음 마디는 거르며 영양 상태가 좋으면 여섯째 마디에 다시 생기기도 한다(그림 6-3).

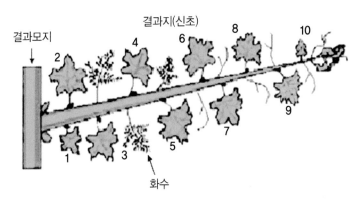

〈그림 6-3〉 결과지에서의 화수착생 위허

포도 눈은 발아하여 신초가 자라면서 화수가 달리는 혼합아이다. 포도는 화아분화가 매우 쉬워 재식 후 이듬해부터 결실이 가능하고, 그 후에도 수세가 안정되면 꽃떨이 현상 없이 매년 결실한다. 그러나 포도송이가 달리는 눈은 2년생 가지에만 형성되고 2년생 이상의 가지에는 형성되지 않는다. 2년생 이상의 가지에서 숨은 눈 또는 부정아가 발아하는 경우도 있으나 대부분 발아 후 고사하거나 신초로 생장해도 화수는 형성되지 않는다. 포도 화아가 분화하는 시기는 개화 직전 신초가 50~80cm 정도 생장할 무렵이다. 이때는 신초 생장에 많은 영양분이 소모되는 시기이므로 웃자라게 되면 화아 분화와 발달이 불량하게 된다. 결과모지에서의 화아 발달은 품종, 나무 세력 등에 따라 차이가 크다. 일반적으로 2배체 품종인 '캠벨얼리', '탐나라', '진옥', '청수', '마스캣베일리에이', '델라웨어' 등은 결과모지의 첫 번째, 두 번째 눈에서 생장한 가지에서 화수 형성이 양호하므로 단초 전정이 가능하고, 대부분의 유럽계 품종 그리고 거봉계 4배체 품종은 결과모지 기부에서 화아 형성이 불량하여 장초 전정을 해야 한다.

04. 눈따기 및 신초솎기

가. 캠벨얼리

봄철 발아기에 결과모지 한 마디에서 보통 2~3매의 새순이 자라는데 자라는
방향, 송이 크기, 착립률 등이 각각 다르다. 이들 이외에도 2~4년 묵은 가지
및 주지에서도 숨은 눈이 발아될 수 있는데, 이들 신초는 착립성이 나쁘므로 양
분 경합을 피하기 위해 조기에 눈을 따준다. 눈따기는 일시에 하는 것이 아니라
신초 위치, 남겨야 할 신초 수, 송이 크기 및 모양 등을 고려하여 2~3회에 걸
쳐 실시한다. 신초 고르기는 아주 약한 신초, 지나치게 웃자란 신초, 부정아 및
잠아에서 나온 신초 위주로 제거한다. 눈따기를 마치고 남은 신초는 꽃떨이 현상
이 적어 착립이 양호하다. '캠벨얼리' 품종의 적정 수량인 2,400kg/10a를 수확
하기 위한 적정 신초 수는 주지 1.0m당 13개가 필요하므로 유인작업 등에 의해
결손되는 신초를 고려해 이보다 20% 정도 더 남기는 것이 바람직하다. 즉 주지
1.0m당 9개의 측지가 형성되고, 결과모지가 9개 형성되므로 이 중 4개의 결과
모지에서 2개 신초를 받으면 13개의 신초가 형성된다(그림 6-4).

〈그림 6-4〉 '캠벨얼리' 1.0m당 적정 신초 수

나. 거봉

눈따기는 6~7월경 신초 과번무를 방지할 목적으로 생육 초기인 발아 7일 후부터 약 20일까지 하는 중요한 작업이다. 눈따기 정도는 부아, 부정아를 포함하여 결과모지가 긴 경우 선단에 있는 정아와 결과모지의 굽은 부분에서 발생된 도장하는 신초를 제거한다. 꽃송이로 양분 전류가 왕성하게 되기 전에 눈따기를 많이 하면 눈 수가 적게 되어 수체 내 영양 균형이 흐트러져 개화기에 신초가 80cm 이상 생장하여 꽃떨이 현상의 원인이 될 수 있다. 따라서 '거봉' 품종은 세력이 강한 경우 수관이 다소 복잡해도 눈따기를 수정 후에 하거나, 결과모지를 하향 유인시켜 착립 후 제거하는 것이 바람직하다. 세력이 강한 결과모지의 선단 눈에서는 신초가 강하게 발생되므로 강한 신초부터 차례로 제거하면 남은 신초가 개화기에 세력이 강하게 되므로 주의해야 한다.

신초솎기는 하계전정 작업 중 가장 중요한 부분으로 눈따기 시기가 발아기~개화 전까지라면 신초솎기는 착립 후부터 결과모지에서 생장한 결과지, 발육지 등을 제거하는 것이다. 신초솎기는 통상 개화 전 눈따기 시기를 놓친 과다한 신초를 제거하는 것으로, 수세가 강한 거봉 품종의 유핵 재배에 있어서는 착립 후에 하는 작업이다. 즉, '거봉' 품종은 착립이 개화 전 하계 전정에 영향을 많이 받으므로 개화기 신초 길이가 50~70cm 정도에서 정지되어 꽃떨이 현상을 방지할 수 있는 재배 관리가 필요하다.

착립 후에는 신초의 웃자람과 과다 착과를 방지하기 위해 신초를 신속히 제거해야 과립 비대와 생장에 좋다. 또한 빈 가지라고 하더라도 주변에 공간이 있으면 일정 엽수 확보를 위해 그대로 남겨 놓고, 이듬해에 결과모지로 활용해도 된다.

다. 거봉계 무핵 재배

거봉계 무핵 재배의 경우에는 지베렐린 처리로 착립에 대한 걱정이 없으므로 '캠벨얼리' 재배에 준한 관리를 해준다.

05. 순지르기

가. 캠벨얼리

신초를 개화 3~5일 전에 순지르기하면 동화양
분이 신초 생장에 소모되는 것을 억제하고, 꽃
송이로 양분이 이동되어 꽃떨이 현상이 방지되
는 매우 중요한 작업이다. 그러나 개화 전 순지
르기를 두 번째 송이에서 5~6매 정도 남기고
강하게 하면 생육 초기 과립 비대는 좋지만, 성
숙기에 본잎 부족으로 성숙 지연 등의 각종 생
리 장해 발생 원인이 된다. 따라서 개화 전 순
지르기는 신초 끝부분의 전엽된 잎 바로 아래
를 자르면 본잎을 두번째 송이에서 8매 정도를

〈그림 6-5〉 신초 순지르기 위치

확보할 수 있어 성숙기 본잎 부족에 의한 성숙 지연 등의 생리 장해를 방지할 수
있다(그림 6-5).

착색기 이후에도 신초가 계속 생장하면 순지르기를 약하게 하여 신초 생장을
억제해야 성숙이 촉진되고, 이듬해 결과모지로 사용될 가지의 충실도도 향상된
다. 그러나 나무의 수세 조절은 순지르기만으로는 조절할 수 없으므로 동계 전
정시 품종, 수령, 토양에 적합한 주간 거리가 유지되도록 간벌을 해야 한다.

나. 거봉

'거봉' 품종 유핵 재배는 '캠벨얼리'와 달리 영양 생장이 지나치게 강할 때 순지
르기 하면 오히려 씨가 없고 작은 무핵 과립이 많이 생기므로 주의해야 한다.
특히 개화기의 강우와 저온 조건에서는 무핵 과립 수가 더욱 증가될 수 있으므
로 순지르기에 의한 거봉 품종의 결실률 향상은 매우 어렵다. 결실 후 발육지

또는 결과지가 직선적으로 생장하여 주변의 가지와 교차할 때에는 순지르기로 생장 방향을 전환시키는데 주변에 공간이 있으면 부분적으로 순지르기를 해도 상관없지만 공간이 부족하면 곁순 발생에 의해 덕면이 어둡게 되어 광합성 감소, 병해충 등이 발생될 수 있다. 경핵기~착색기의 순지르기는 신초 경화와 함께 엽육 조직을 튼튼하게 하여 병해 발생을 감소시키고, 생장점 수가 증가되어 곁순 생장이 억제되므로 화아(花芽) 발달이 일어난다. 과립 비대 생장기에 너무 많은 질소 성분과 수분 그리고 일조 부족에 놓이면 결과지와 발육지가 계속 생장하여 덕면이 어둡게 되므로 순지르기가 필요하고, 순지르기에 의해 화아 발달 및 엽육 경화가 일어난다. 따라서 비대 생장기에는 신초가 강하게 생장하는 것이 좋지 않으므로 이를 방지해야 한다. 이러한 신초 생장은 기본적으로 나무의 세력과 전정을 통한 눈의 개수 조절이 우선이고 양분 공급과 관계된 시비를 감안하여 조절해야 한다. 현실적으로는 덕면이 어둡게 된 경우 순지르기만으로는 해결이 되지 않고 적정착과량 조절과 함께 신초솎기가 필요하다.

06. 송이다듬기 및 송이솎기

가. 캠벨얼리

① 송이다듬기

미국종 포도는 과립이 밀착되기 쉬워 비대 및 모양이 불량하고 열과 발생이 쉬우며, 착색이 균일하게 되지 않아 반드시 송이다듬기를 해야 한다.

송이다듬기는 개화 후 신속하게 하면 과립 비대 및 품질 향상 효과가 크므로 착립 여부를 판단할 수 있는 시기부터(포도알이 콩알 크기) 가능하면 빨리 실시한다. 송이다듬기 방법은 개화 전에 어깨송이와 상단 2~3번 지경을 제거하고, 착립 여부를 판단할 수 있는 개화 10일 후부터는 3번과 6번 지경을 솎아내고, 큰 송이에 한하여 9번 지경을 솎아낸 후 알솎기와 병행한다(그림 6-6). 이때 주의할 점은 솎아내는 지경이 같은 방향이면 성숙기에 송이축이 새우 모양으로 휠 수 있으므로 솎아 내는 지경의 방향이 엇갈리도록 한다.

<그림 6-6> 지경솎기 위치

<그림 6-7> 거봉 유핵재배 송이

② 송이솎기

포도는 다른 과수와 달리 수정 후에는 생리적 낙과가 거의 발생되지 않으므로 송이 수를 인위적으로 조절하지 않으면 과다 결실로 착색 및 성숙이 불량하게 될 뿐만 아니라 나무 등숙에도 좋지 않다. 즉 과다 결실에 의한 탄수화물 부족으로 꽃눈 분화 및 발달이 불량하여 이듬해 발아 불균일, 꽃떨이 현상 등이 나타나게 된다. 따라서 '캠벨얼리' 품종의 경우 나무 세력, 입지조건 등에 따라 차이가 있을 수 있지만, 1.5송이/신초 정도로 송이솎기를 한다. 송이솎기 시기는 빠를수록 양분 소모가 적어 좋지만 품종, 수세, 기후 등에 의한 꽃떨이 현상 발생 정도가 다르므로 개화 후에 주로 실시하고, 최종적인 송이 수는 착색 초기까지 결정한다. 그러나 착색기에도 과다 착과로 착색 진행이 불량하면 송이솎기를 실시한다.

나. 거봉 (유핵재배)

① 송이다듬기

'거봉' 품종의 유핵 재배 송이 다듬기는 개화 후 가능한 한 일찍 해야 과립 비대에 유리하지만, 꽃떨이 현상으로 인해 씨 없는 포도알이 많이 발생하기 때문에 착립 여부를 최종 확인할 수 있는 만개 10일 후부터 20일까지가 적기이다.

만개 30일이 지나면 포도알이 커져서 포도알을 솎아내기 위한 가위 사용이 부자연스럽고 송이 모양도 좋지 않다. 또한 송이다듬기가 늦어지면 포도 상품성 판단의 지표가 되는 과분이 잘 발생하지 않으므로 늦어도 꽃이 핀 후 30일까지는 해야 한다. 송이다듬기는 신초솎기 및 송이솎기할 때 포도알의 수가 40립 전후이고, 적당한 밀도로 착립된 송이를 우선적으로 남기면 보다 효과적으로 송이다듬기를 할 수 있다(그림 6-7).

② 송이솎기

신초솎기는 덕면에 배치된 신초가 너무 무성하게 겹치지 않도록 결과지와 발육지를 동시에 제거하는 것으로 송이가 착과된 결과지도 제거되므로 1차 송이솎기 작업이며, 이때 적정 송이 수는 $10m^2$당 60송이 정도이다. 2차 송이솎기는 신초솎기 5일 후 과립이 콩알 크기일 때 $10m^2$ 45~48송이, 3차 송이솎기는 2차 송이솎기 7~10일 후에 $10m^2$당 32~36 정도로 한다(그림 6-8). 한편 송이 수는 기후, 토질, 송이무게, 신초 발육 상태 등에 따라 달라질 수 있다.

송이솎기는 신초 당 0.5송이로 신초 2개당 1송이를 착과시킨다. 송이를 과다 착과하면 착색 및 성숙이 지연될 수 있으므로 주의해야 한다. 일부 농가에서 수세가 강한 경우 수세 조절을 위해 송이를 과다 착과시키는데 이때에도 착색 초기까지는 적정 송이 수로 조절해야 정상적으로 성숙된 자흑색 거봉 포도를 생산할 수 있다.

〈그림 6-8〉 거봉 32~36송이/$10m^2$ 착과

다. 거봉(무핵 재배)

'거봉' 품종의 씨 없는 포도 재배(무핵 재배)는 제7장의 지베렐린 처리 기술을 참고하여 관리한다.

07. 성숙생리

가. 포도알의 발달

유핵 포도 품종의 포도알 체적, 생체중, 건물중, 지름 등을 개화기부터 시기별로 그려보면 특징적인 이중 S자 곡선을 나타낸다. 생장이 활발한 두 시기 사이에는 생장이 아주 느리거나 전혀 하지 않는 기간이 있어, 생육의 3단계가 명확히 구분된다. 제1기는 세포분열기로 씨방의 생장이 빠르며, 배와 배젖을 제외한 그 내용물도 빠른 속도로 발달하는데, 이 기간은 약 5~7주 계속된다. 제2기는 포도 알의 비대가 정체되는 시기로 꽃이 진 후 30~40일경이 되는데, 종자 껍질의 완만한 생장이 일어나며 배와 배젖이 급속히 생장하여 종자껍질의 목질화, 즉 종자가 딱딱해지는 시기이어서 경핵기라고도 한다. 이 기간은 보통 2~4주간 지속된다. 제3기에서는 과육의 생장이 빠르며, 그 결과 성숙기에 포도알의 최종적인 비대가 일어난다. 이 기간은 대개 5~8주이다. 씨 없는 포도 품종에서는 이 생육 단계의 구분이 명확하지 않거나 없다.

녹과기는 착립부터 포도알의 착색과 연화가 시작되는 변색기까지를 말하는데, 변색기는 제3기의 시작이다. 포도알의 크기는 유핵 품종의 제2단계를 제외하면 급속히 증가한다. 일반적으로 변색기 전까지 산 함량은 높고 당 함량은 낮은 상태를 유지하며, 포도알은 단단하다. 과당(Fructose)보다는 자당(Sucrose)의 함량이 더 많으며, 사과산(Malic acid)과 주석산(Tartaric acid)이 최고 수준까지 증가한다. 성숙기는 변색기로부터 시작하여 완숙기까지 계속된다. 변색기에는 청포도 계통의 녹색이 황색이나 황백색으로 변하며 과육이 투명하게 보이기 시작하고, 적포도 계통에서는 착색이 시작된다. 과육의 연화도 시작된다. 산 축적 기관에서 당 축적 기관으로 포도알의 신진 대사가 급격히 전환되는 것도 이 기간이다. 성숙이 진전되면 적색과 흑색품종의 과피색은 더욱 진해지며, 청포도는 과피색이 연해지고 연화는 계속된다. 당 함량의 증가, 산 함량의 감소 그리고 포도알의 비대는 이 기간에 급속히 진전된다. 일단 완숙기에 이르면 이들 변화는 완만해진다. 한 송이에서는 신초에 가까운

쪽 과경에 달려있는 포도알부터 성숙하기 시작한다. 완숙기는 과실이 특정 용도에 적합한 상태로 성숙된 때를 말하는데 예를 들어 생식용, 양조용으로의 적정 성숙이 다르듯 품종의 특성을 잘 나타낼 수 있는 시기를 선택하며 절대적인 것은 아니다. 완숙기가 지나면 과숙기가 오는데, 당은 더 이상 증가하지 않고 산은 감소한다. 또 부패균의 침해를 받기 쉬우며, 수분의 공급이 끊겨 위조되고 일반적으로 탈립도 증가한다. 과당은 때로는 증가하는 반면에 자당은 감소하거나 그대로 있다.

나. 당(糖)

포도알은 비대 초기에 생체중의 2% 정도에도 못 미치는 아주 작은 양의 당만이 존재한다. 이러한 당은 변색기부터 급속히 과실 내에 축적되어 수확 시에는 과실 무게의 약 12~27%에 달한다. 한편 당의 저장 형태인 전분의 경우 개화 전부터 발견되어 오히려 유과기에 더 많이 과실 내에 함유되어 있으며 변색기 직전에 급격히 사라져 성숙기에는 전분이 거의 발견되지 않는다. 이와 같이 1차 과실 비대기에 과실에서 발견되는 전분은 과실의 세포 분화를 위한 에너지원으로 사용되는 것으로 추정하고 있다. 당은 잎으로부터 자당의 형태로 전류되어 과실 내에서 포도당과 과당으로 가수 분해되어 축적되며 극소량의 자당도 함께 축적된다. 과실 비대 초기에는 포도당이 과당에 비해 많으나 성숙기에는 포도당과 과당의 비율이 갈수록 비슷해진다. 과당은 포도당보다 약 1.5배 더 단맛을 내며 포도당과 과당의 비율은 품종에 따라 조금씩 다르다. 일반적으로 유럽종이 미국종에 비해 포도당의 비율이 약간 높다.

다. 산(酸)

포도 과실에는 주로 사과산과 주석산이 존재하며 시트릭산과 다른 유기산들도 소량 함유되어 있다. 사과산은 다수의 식물 특히 과실에서 많이 발견된다. 주로 성엽(成葉)에서 집중적으로 형성되고 과실에서도 일부 형성된다. 녹과기 과실에서는 호흡에 의한 포도당의 산화에 의해서도 일부 형성된다. 또한 뿌리에서 형성된 시트릭산이 잎이나 과실에서 말산 형성의 전구물질로 이용되기도 한다. 반면에 주석산은 식물체에서 그리 많이 발견되지 않는 산으로 포도의 경우 많은 양의 주석산이 발견되는 몇 안 되는 식물 중의 하나이다. 주석산의 형성 역시 잎과 과실 등에서 이루어지지만 사과산과는 대조적으로 어린 기관들에서 만들어진다.

사과산은 변색기 직전까지 그 양이 계속 증가하다가 감소한다. 주석산도 감소하지만 사과산이 당의 축적이 증가할수록 상대적으로 감소하는 것에 비하여 주석산은 당의 함량과 무관하게 일정한 함량을 유지한다. 따라서 포도 과실에서는 상대적으로 안정성을 보이는 주석산의 함량이 중요하다. 실제로 양조용 포도의 경우 주석산의 첨가와 제거로 산도를 맞춰주고 있다.

라. 착색

포도는 변색기부터 착색이 되기 시작한다. 국내에서 가장 많이 재배하고 있는 '캠벨얼리' 포도의 경우, 봉지를 씌워도 착색이 잘된다. 적포도 또는 흑포도 품종의 경우, 품종에 따라 직광(直光) 착색 품종과 산광(散光) 착색 품종이 있다. 직광 착색 품종으로는 엠퍼러, 설타니나 로우즈, 토케이 품종 등이 있으며, 산광 착색 품종으로는 '마타로', '레드 말라가', '리비에', '진판델' 등의 품종이 있다. 포도 알에는 녹색을 나타내는 엽록소가 유과기부터 완숙기까지 존재한다. 과실이 발달함에 따라 한 과실 내의 엽록소 양은 변색기 직전까지 증가하다 이후 약간 감소하는 경향을 보인다. 변색기 이후에는 약간의 감소를 나타내기는 하지만 상대적으로 안정된 상태를 보인다. 한편 적포도 및 흑포도 품종에서 변색기부터 시작되는 포도의 착색은 과피 내 세포들의 액포 내 안토시아닌의 축적으로 이루어진다. 포도에서 발견되는 안토시아닌의 종류는 말비딘, 페튜니딘, 델피니딘, 페오니딘, 시아니딘이며 다른 식물에서 쉽게 발견되는 펠라고니딘은 함유되어 있지 않다. 안토시아닌의 종류는 가수 분해 정도에 따라 달라지며 이러한 구성비의 차이는 비록 총 안토시아닌의 함량이 같다고 하더라도 색의 변화를 가지고 온다. 즉 과실이 외부의 어떠한 자극에 의해 탈수가 일어나거나 세포들이 죽으면서 수분이 빠져나가는 경우, 같은 함량의 안토시아닌을 가지고도 과실의 색이 현저히 짙어짐을 알 수 있다. 또한 변색기 이후 엽록소 함량은 상대적으로 일정한데 반해 과실의 색이 짙어지는 것은 안토시아닌 함량 증가에 기인하는 것이다. 따라서 과실의 녹색이 다른 색소에 의해 가려지는 혼색 효과로서 과실의 색이 짙어지는 것이다.

7

제7장

씨 없는 포도 생산기술

포도에 지베렐린을 처리하여 유핵 포도를 단위 결과 시켜 씨 없는 포도로 생산하는 기술이 일본에서 1950년대 후반에 개발하여 1960년대에 실용화되었다. 우리나라는 하우스 재배 농가에서 씨 없는 포도 생산과 거봉계 품종에서 꽃떨이 현상 발생 시 과립 비대 목적 등으로 이용하고 있으며, 품종에 따라서는 고품질 포도 생산이 가능하다.

01. 생장조정제 처리 방법

가. 거봉계

포도알이 큰 거봉계 품종은 지베렐린 등의 생장조정제 처리로 씨 없는 포도 생산기술이 일반화되었다. 특히 거봉계 품종에서는 씨가 없고 껍질째 먹을 수 있어서 소비자들의 선호도도 높다. 또한 단초 전정, 생장조정제 처리 및 신초 관리 등의 재배 기술도 비교적 쉬워 재배 면적도 꾸준히 증가 추세이다.

① 개화 전 꽃송이다듬기

거봉계 및 샤인머스캣 품종의 씨 없는 포도 생산기술 중 노동력이 많이 소요되는 꽃송이다듬기를 쉽게 하기 위해 생장조정제 처리 유무를 표시하는 표지를 만들지 않는다. 일손 절감형 꽃송이다듬기는 왼손으로 꽃송이 끝부분을 3~4cm 정도 잡은 후 오른손의 검지와 중지 사이에 꽃송이를 끼우고 아래쪽으로 내려 지경을 솎아낸다(그림 7-1). 꽃송이 길이는 처음에는 3.0~4.0cm로 하다가 작업 중간에 꽃송이가 점점 길어질 수 있어 정한 길이를 수시로 확인한다. 꽃송이에 생장조정제 처리를 표시하는 표지가 없으므로 생장조정제 처리 후 표식기를 오른손 세 번째 또는 네 번째 손가락에 착용하고 생장조정제 처리 후 새 가지에 점을 찍듯 자국을 남긴다(그림 7-2).

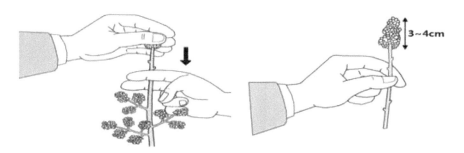

〈그림 7-1〉 거봉계 및 샤인머스캣 품종의 일손절감형 꽃송이다듬기

〈그림 7-2〉 포도 생장조정처리 표식기 착용모습(좌) / 처리(중) / 자욱(우)

'거봉' 품종의 개화 전 꽃송이 길이가 3.0cm이면 1차 생장조정제 처리 후 송이당 과립 수가 약 38개였고, 송이축 길이도 1차 생장조정제 처리 14일 후 9~10cm 정도 생장한다(표 7-1).

〈표 7-1〉 '거봉' 품종의 개화 전 꽃송이 길이별 송이 특성(국립원예특작과학원, '09)

꽃송이 길이 (cm)	송이 길이 (cm)	송이축 생장량 (cm)	과립 수 (개/송이)	과립 수 (개/cm)	송이 무게 (g)
3.0cm	12.0	9.0	37.6	3.1	523
4.0cm	13.4	9.4	52.2	3.9	650
5.0cm	15.3	10.3	57.6	3.7	765
6.0cm	16.7	10.7	60.6	3.6	820

성숙기 과립중 : 13.8g

※ 1차 생장조절제 처리농도 : GA 25.0ppm+TDZ 1.0ppm

※ 조사일 : 6월 17일

② 생장조절제 농도

'거봉' 및 '샤인머스캣' 품종의 1차 생장조정제 처리 농도는 GA 25.0ppp+TDZ[1] 또는 FCF[2] 1~2ppm이다. TDZ 또는 FCF의 농도가 2ppm보다 높으면 과다 착립으로 송이다듬기에 많은 노동력이 소요되어 바람직하지 않다. 송이축 비대 는 지베렐린 단용 및 TDZ의 농도에 따른 차이는 없으나, 지베렐린에 TDZ를 혼 용하면 송이축이 비대되었다(그림 7-3). 또한 착립 수는 지베렐린 12.5ppm 및 25.0ppm 단용 처리에서 송이당 25~28개로 적었고, TDZ 1.0~2.0ppm을 혼 용하면 송이당 착립 수가 46~48개로 증가하였다. 또한 TDZ를 5.0ppm 혼용하 면 송이당 과립 수가 약 60개 정도로 과다 착립되었다. 따라서 씨 없는 포도 생산 시 착립 수는 지베렐린 농도보다는 TDZ 농도에 의해 결정된다.

---

1) 티디아주론

2) 포클로르페뉴론(Forchlorfenuron)

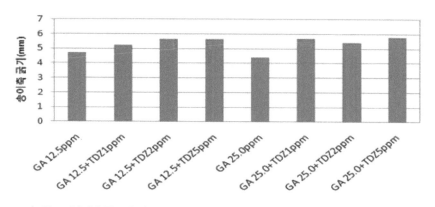

〈그림 7-3〉 '거봉' 품종의 생장조절제 농도별 송이축 굵기 변화(국립원예특작과학원, '09)

③ 생장조정제 처리 시기

거봉계 및 샤인머스캣 품종의 생장조정제 처리 시기는 '델라웨어' 품종과 달리 1차 처리 시기는 포도꽃이 100% 핀 1~2일 후이고(그림 7-4), 2차 처리시기는 포도알 크기가 8.0~10.0mm이다. 1차 생장조정제 처리 시 꽃이 모두 피기 전에 처리하면 송이축이 굽거나, 지경의 이상 생장으로 상품성이 떨어진다. 또한 꽃이 모두 핀 3~4일 후에 처리하면 유핵과가 혼입되거나 포도알이 적게 달려 상품성이 떨어질 수 있다. 1차 생장조정제 적정 처리 기간이 좁아 가온 재배는 1일, 무가온 재배 또는 비가림 재배는 2~3일 간격으로 꽃이 모두 핀 꽃송이를 찾아 처리한다.

〈그림 7-4〉 '거봉' (좌) 및 '샤인머스캣' 품종의 생장조절제 처리 시기

나. 청수

'청수' 품종은 국립원예특작과학원에서 '시벨 9110'에 '힘로드'를 교배하여 1993년 최종 선발한 무핵 품종이다. '캠벨얼리' 품종에 비해 나무자람새는 강하고 절간 장도 길다. 수확 시기는 중부지방을 기준으로 8월 하순이고, 당도 16~17°Bx로서 식미는 우수하지만 산미가 다소 높다. 과립중은 3.4g이지만 포도알의 크기가 8.0~10.0mm일 때 지베렐린 100ppm을 처리하면 4.3g 정도로 비대한다(그림 7-5). 그러나 지베렐린 200ppm과 TDZ 또는 FCF를 혼용하면 과립중은 5.0g 이상으로 비대하지만, 성숙 지연 등의 생리 장해가 발생한다. 또한 무핵 품종 특성상 너무 과숙하면 탈립되므로 유통 기간을 고려해 수확한다.

〈그림 7-5〉 '청수' 품종의 지베렐린 처리 적기(좌), 성숙과(중), 수확 후 비교(우)

다. 델라웨어

델라웨어 품종의 지베렐린 처리 효과는 송이축 신장, 조기 개화, 무핵과 및 과립 비대로 구분할 수 있다. 이 가운데 송이축 신장, 조기 개화, 무핵과는 개화 전 처리에 의한 효과이고, 과립 비대는 만개 후 처리에 의한 효과이다. 또한 수확 시기를 3주 정도 앞당길 수 있는 이점도 있다.

① 처리 시기

개화 전 지베렐린 처리로 95% 이상의 씨가 없어지는데, 1차 처리 시기는 온도 등에 다소 차이가 있으나 대개 만개 전 10~14일이다. 꽃송이 생장은 처리 시기가 빠르면 빠를수록 신장되고, 유핵과 혼입률은 처리시기가 늦을수록 높아지는 경향이 있다. 상품성이 높은 송이를 얻기 위해서는 송이축 1.0cm당 7~9립이 좋고, 이를 위해서는 개화 전 지베렐린 처리 시기는 만개 예정 12~16일 전이다. 개화 후 2차 지베렐린 처리 목적은 과립 비대이고, 처리적기는 비교적 넓어 만개 6~13일 후에 처리한다.

② 처리 농도와 방법

지베렐린의 1차 및 2차 적정 처리 농도는 100ppm이고, 50ppm은 꽃송이 생육 정도 및 기상 조건이 좋으면 100ppm과 동일하지만 효과가 불안정하여 실용적이지 않다. 또한 지베렐린을 200~300ppm으로 높여도 효과는 있으나 100ppm과 큰 차이가 없어 경제성이 떨어진다. 지베렐린 처리시간은 10a당 개화 전 1차 처리는 12시간, 개화 후 2차 처리는 약 20시간 소요된다. 생장조정제 처리의 일손 절감을 위해 살포 처리하면 1차 처리 효과는 불안정하지만 2차 처리는 10a당 지베렐린 75~100ppm으로 80~100L 살포하면 된다. 다만, 지베렐린 약액이 가지와 잎에 묻으면 가지의 생장, 잎의 노화 등을 촉진할 수 있다.

③ 지베렐린 처리 시 기상 조건과 생장 반응

지베렐린 처리 후 강우 또는 건조는 송이에 지베렐린 부착이나 불충분한 침투로 효과가 낮다. 강우량 또는 강우 정도 등에 따라 다르지만 처리 후 24시간

이내의 강우 또는 상대습도 30% 이하면 유핵과 혼입 및 과립 비대 불량 등으로 상품성이 떨어질 수 있다. 이와 같은 경우 지베렐린 75ppm을 일찍 재처리한다.

④ 처리 적기

지베렐린 처리 시기는 씨 없는 포도 생산에 있어 중요하다. 개화 전 처리 시기는 만개 예정 12~16일 전이므로 만개일 또는 처리 적기를 사전에 예측해야 한다. 노지 재배 시 지베렐린 처리 적기 판단 기준은 ①꽃봉오리색이 녹색에서 황녹색으로 변화하고, 송이축에서 어깨송이가 80° 이상의 각도를 이루는 시기(그림 7-6) ②전엽수나 화분립의 발육 정도에서 평균 전엽수가 9.5매에 도달하면 처리적기이다. 이와 같은 적기 판정은 나무자람새의 강약이나 생육 불균일, 개체간 차이에 의해 다소 다르므로 종합적인 관점에서 판단한다.

〈그림 7-6〉 생장조정제 1차 처리 시기 '델라웨어'(좌), 거봉계(우)

⑤ 적기 처리가 어려울 때 대응 및 착과 확보

지베렐린 처리 직후 강우, 건조 등은 재처리하고 처리 시기가 지연되면 스트렙토마이신 200ppm을 지베렐린에 혼용하여 처리한다. 그러나 이 방법도 만개 예정 1주일 전이 한계이고 그 이후 처리는 무핵 과율 및 송이 무게가 감소한다. 유핵과와 달리 지베렐린 처리에 의한 무핵과는 종자와 과육간의 양분 경합이 없어 송이로 양분이 충분히 공급되어 착과가 안정적이다. 다만 지베렐린 처리를 일찍 하면 착립이 불안정하다. 포도는 다수의 포도알이 모여 하나의 송이를 형성하므로 상품성 높은 송이 생산을 위해 착립이 중요하다. 개화 결실기에 주간 25℃, 야간 12℃ 이상의 고온 또는 일조 부족 등은 가지와 송이간 양분 경합을 일으켜 착립 불량의 원인이 된다. 착립 불량 방지를 위해 개화기의 새 가지 생장을 억제하는 것이 중요하다. 이를 위해 개화 전 새 가지 및 곁순을 순지르기 한다.

라. 머스캣베일리에이(MBA)

머스캣베일리에이 품종의 지베렐린 처리 방법은 '델라웨어' 방법과 기본적으로 같지만, 지베렐린 단용 처리로 무핵화률을 높이기 어렵다. 처리 적기는 만개 10~15일 전이지만, 무핵 과율을 높이려면 일찍 처리하고, 착립률을 높이려면 늦은 시기가 적기이다. 처리 시기는 꽃봉오리색이 엷고, 꽃송이 선단이 쭉 펴지고, 전엽수가 10~11매 정도이다. 또한 어깨송이와 송이축이 직각을 이루는 시기이다. 개화 후 지베렐린 처리는 만개 10~15일후 100ppm으로 한다. 또한 지베렐린이 포도알 표면에 오랫동안 남아있으면 오염될 수 있으므로 남은 액을 가능하면 제거해야 한다. 또한 개화 후 처리는 작업 효율성을 고려해서 지베렐린 75~100ppm을 소형분무기 등으로 송이당 10ML 정도 살포한다.

02. 지베렐린 처리 시 유의사항

지베렐린 용액은 pH 6 이상이면 효과가 떨어지므로 지하수나 수돗물을 이용한다. 이와 같이 중성수로 만든 용액은 pH 5.5이지만 약액을 오래두면 pH 상승으로 장기간 보관하는 것은 좋지 않다.

지베렐린 처리 직후 알카리성 농약을 살포하면 약효가 떨어지므로 지베렐린을 처리할 때는 처리 5일 전부터 처리 2일 후까지 보르도액 등과 같은 알카리성 농약은 살포하지 않는다.

지베렐린은 처리 후 충분히 흡수하는데 24시간 정도 걸리므로 처리 후 24시간 안에 비가 내리면 약액이 흘러내려 씨가 남아 있거나 포도알이 정상적으로 크지 않는다. 또한 기후가 건조하거나 30℃ 이상의 고온 및 10℃ 이하의 저온은 지베렐린 흡수율을 떨어트린다. 따라서 온도는 15~25℃ 정도, 습도 50% 이상일 때 처리하는 것이 좋다.

〈그림 7-7〉 청포도의 녹과 발생 형태 원형(좌), 부정형(우)

지베렐린 처리 후 비가 내리거나 건조하면 약액을 충분히 흡수하지 않아 다시 처리해야 한다. 재처리 여부는 지베렐린 처리 후 강우까지의 시간, 강도 및 강수량 등을 고려해 결정한다. 재처리 여부의 실험적인 판단은 지베렐린을 처리한 꽃송이 몇 개에 갓을 씌워 비를 맞지 않도록 한 다음 2~3일 지난 후에 갓을 씌우지 않은 송이의 생장 정도를 비교하여 재처리 여부를 결정한다. 재처리시 지베렐린 농도는 50~100ppm으로 정도에 따라 가감하고, 재처리 시기는 빠를수록 좋으나 늦어도 3일 후까지는 처리한다. 다만 우리나라는 대부분 비가림 재배하므로 강우에 의해 재처리하는 경우는 거의 없다.

또한 지베렐린에 들어있는 전착제 에어롤OP는 고온 또는 다습 등에서는 녹과가 발생될 수 있으므로 주의한다. 녹과의 발생 형태는 30℃ 이상의 고온에서는 약액의 급격한 건조로 원형 녹과가 되고, 습도 80% 이상의 다습 조건에서는 약액의 건조 지연으로 부정형 녹과가 된다(그림 7-7). 따라서 지베렐린 처리 시 고온 다습한 기상조건에서는 처리를 연기하는 것이 바람직하다.

제8장

토양 관리 및 시비

포도원의 토양 관리는 과실의 생산성과 품질을 유지하기 위한 중요한 작업이며, 고품질 과실 생산을 위한 토양 관리 체계는 (그림 8-1)과 같다. 크게 물 관리, 표토 관리, 시비 관리로 나눌 수 있고 재배지 조성 후 포도나무가 자랄 수 있는 조건이 불량하면 토양을 개량하여야 한다. 과원 토양관리에서 가장 중요한 작업은 물 관리이며, 표토 관리 및 시비 관리는 물 관리의 상태에 따라 영향을 받는다.

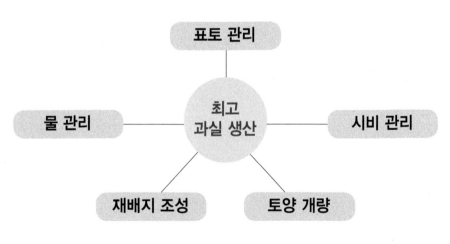

〈그림 8-1〉 과수원 토양 관리 체계

01. 토양의 생산적 요인

포도는 영년생 목본 작물로 한곳에서 지속적으로 재배되므로 적지 선정이 중요하다. 적지 토양이 아니면 잘 자랄 수 있는 조건을 갖추도록 토양을 개량하여야 한다. 포도의 토양 적응력을 살펴보면, 습해와 건조에는 비교적 강한 과수로 토심은 40~50cm 정도의 천근성 과수에 속하며, 대부분의 토성에서 재배가 가능하여 토양 적응성 범위가 비교적 넓은 과수로 알려져 있다.

가. 토양 물리성

토성에 따른 '델라웨어' 품종의 신초 생장량을 보면(표 8-1) 사양토에서 가장 좋았으며, 사양토에 비하여 양토에서는 73%, 사토에서는 81% 수준의 생장량을 보여 양토와 사토에서는 생육이 떨어지는 것을 볼 수 있다. 주변에서 흔히 볼 수 있는 논은 대부분 양토~식양토로서 논을 과수원으로 조성하는 것은 포도나무 생육에 불리한 환경임을 알 수 있다. 포도나무가 어릴 때는 뿌리가 표토에 얕게 분포하여 논토양에서도 비교적 생육이 좋으나, 수령이 증가할수록 근권이 넓어지고 뿌리가 땅속 깊이 내려가 지하부의 발달이 억제되어 생육이 불량해질 뿐 아니라 착과와 품질이 떨어지는 결과를 가져온다.

〈표 8-1〉 토성과 포도 묘목의 생장량

토성	토양 조건			'델라웨어' 신초 생장량(cm)
	점토 함량(%)	함수량(%)	비모관 공극량(%)	
식양토	43	25~34	0.07	325(41)
양토	34	20~30	1.50	576(73)
사양토	17	15~33	8.19	788(100)
사토	12	10~30	9.17	637(81)

따라서 수량 확보와 품질 향상을 위해서는 배수가 양호하도록 관리할 필요가 있으며, 부득이 논에서 포도를 재배하고자 할 때에는 지하수위를 낮추고 토심을 깊게 하는 등 물리성 개선이 필요하다.

'캠벨얼리' 품종을 42일 동안 다양한 침수 처리를 한 후 생육 변화를 비교한 결과는 〈표 8-2〉와 같다. 포도나무는 과습 상태에서도 비교적 잘 견디지만, 침수 환경에 놓이게 되면 잎, 줄기, 신초 생장이 전반적으로 약화된다. 식물은 뿌리로 호흡하기 때문에 호흡에 필요한 산소를 물속에 주입하면 침수를 지속시키는 것보다는 피해가 적으나 상당한 장해를 받는 것을 알 수 있다. 포도의 정상적인 생육을 위한 토양 중 산소 농도는 7% 수준으로 복숭아와 비슷하고 0.5% 이하로 떨어지면 고사하는 것으로 알려져 비교적 통기성이 불량한 곳에서도 잘 견딘다. 그러나 사과나 배보다도 산소 함량이 많은 조건을 좋아하므로 정상 생육을 위해서는 토양의 배수가 잘 되고 통기성이 좋아야만 생육이 활발하고 좋은 품질의 과실을 안정적으로 생산할 수 있다.

〈표 8-2〉 침수 후 관리 방법에 따른 '캠벨얼리' 품종의 생육

처리(침수 후 42일 동안 처리 후)	신초 길이(cm)	잎수(잎수/줄기)	줄기 직경(mm)
정상 관리(무침수)	339	36.3	9.3
침수 후 연속 공기 투입	190	26.3	8.1
침수 후 주 2회 물 교환	157	22.0	7.6
침수 지속	136	21.7	6.7

자료 : 한국원예학회지, 2010.

나. 토양 화학성

포도나무는 일반적으로 토양 내 칼슘 함량이 많고 중성인 pH 환경에서 잘 자란다. 그러나 포도나무가 좋아하는 토양 화학성은 품종에 따라 다소 다른 반응을 보이기도 한다. '머스캣오브알렉산드리아'는 pH 7.3~7.7 범위에서 잘 자라고, '델라웨어'는 pH 5.0~7.5 범위에서 생육이 좋았다. 특히 유럽종은 미국종에 비해 pH가 높은 곳에서 생육이 더 잘된다. 칼슘 함량이 높으면 생육 중에 마그네슘 결핍 증상이 나타날 수 있으므로 칼슘, 마그네슘 및 칼륨 함량은 60:15:5 비율을 유지하는 것이 좋다.

02. 토양 개량

포도나무는 영년생 작물로 재식 후 해가 갈수록 토양의 영향을 더 많이 받는다. 근권의 깊이가 포도나무 생육과 생산량에 많은 영향을 주기 때문이다. 다시 말하면 포도원 토양은 표토뿐만 아니라 심토의 물리성과 화학성 모두 포도 재배에 적합한 조건이어야 한다.

가. 토양 개량의 목표

포도원의 토양 개량은 물리성과 화학성으로 구분할 수 있다. 물리성 개량을 위해서는 심경과 함께 유기물을 시용하여야 하고, 화학성 개량을 위해서는 석회(산성 교정) 및 비료 등을 시용하여 토양 pH를 교정하고 부족한 양분을 보충하여야 한다. 토양 물리화학성의 구체적인 개량 목표치는 (표 8-3)과 같다.

〈표 8-3〉 과수원 토양개량 목표

	항목	목표치
물리성	유효토심	60cm 이상
	근군이 분포된 토층의 굳기	22mm 이하
	지하수위	지표 하 1m 이하
화학성	pH(H_2O)	6.0~6.5
	유효인산 함량	200~300mg/kg
	염기 치환 용량(CEC)	10~15cmol/kg
	석회(칼슘) 함량	5~6cmol/kg 이상
	고토(마그네슘) 함량	1.5~2.0cmol/kg
	칼륨 함량	0.3~0.6cmol/kg
	붕소 함량	0.3~0.5mg/kg
	유기물 함량	25~35g/kg

나. 심경에 의한 토양 물리성 개량

심경은 관행보다 더 깊은 30~40cm 깊이까지 파는 것을 말하며, 심경을 하면 심토의 고상률은 적어지고 액상이나 기상과 같은 공극률은 증가한다. 심경을 통해 토양 중 공기와 물을 함유할 수 있는 힘을 크게 하면 포도나무가 잘 자라게 된다.

① 심경의 효과

포도원의 토양 개량을 위해서는 심경을 하여 토양물리성(경도, 3상, 투수 속도)을 좋게 하고, 석회(고토석회)를 적절하게 시용하여 토양 pH가 6.5 부근이 되도록 개량하여야 한다. 심경 효과를 지속하기 위해서는 주기적으로 토양 내 유기물을 투입하는 것이 좋다. 위에서 말하는 토양 3상의 뜻은 토양 안에서 땅(흙입자, 고체), 물(액체), 공기(기체)가 차지하는 비율을 말하는 것으로 일반적으로 고상은 45~60% 비율이고 나머지는 물과 공기가 차지한다. 기상과 액상의 상호 관계는 토양 내 물이 많아지면 공기가 줄어들고 물이 적어지면 공기 비율이 늘어나는 관계이다.

심경을 하면 토양이 부드러워질 뿐 아니라 공극이 많아지고 토양 경도가 낮아지며, 심경으로 3상(三相) 중 기상의 비율이 높아지면 투수 속도가 증가하여 과원 내 물 빠짐이 좋아진다. 토양 물리성 개량 방법 중에는 대표적으로 심경과 심토파쇄가 있다. 심토에 점토 함량이 많은 경우, 심경을 하면 땅속에 있는 점토가 표토로 많이 올라와 표토의 물리성이 불량해지기 때문에 이런 경우에는 심경보다 심토파쇄 방법이 효과적이다. 웨이크만식 밀식 재배 환경과 같이 심경 작업이 곤란한 경우에는 폭기식 심토파쇄 방법을 이용하는 것이 유리하다.

(가) 심토파쇄 처리 방법

심토파쇄는 하층토에 딱딱한 중점토 지대가 있어 투수성, 통기성, 보수성이 좋지 않은 경우 이를 개선하기 위하여 하층토를 파쇄하여 토양 구조를 개선하는 작업을 말한다. 심토파쇄기에는 주입봉과 공기압 기기가 달려 있어 땅속 40~60cm 깊이에서 압축 공기를 순식간에 터뜨려 단단한 토양에 균열을 발생시킬 수 있다. 심토파쇄기의 공기 압력은 $10kg/cm^2$이고, 주입봉을 통하여

1회 80~90L의 공기가 토양 내에 주입된다(그림 8-2). 심토파쇄 간격은 재식열을 따라 수관하부에 2~3m 간격으로 처리하며, 양토의 경우 2.0~2.5m 정도의 범위에 균열을 발생시킨다. 또한 폭기식 심토파쇄기 중에는 아래 사진과 같이 폭기에 의한 물리성 개량과 동시에 주입봉을 통하여 석회와 비료를 동시에 시용할 수 있기 때문에 석회 및 비료의 전층 시비가 가능하다.

〈그림 8-2〉 휴대용 폭기식 심토파쇄 사용

(나) 처리 시기

폭기식에 의한 심토파쇄 작업은 나무 뿌리의 손상이 적으므로 생육이 왕성한 시기를 제외하고 계절에 관계없이 실시할 수 있으나 가장 좋은 시기는 나무의 뿌리가 본격적으로 움직이기 전인 이른 봄이다.

(다) 물리성 개량 효과

처리별로 물리성 개량 효과(표 8-4)를 보면, 폭기식 심토파쇄 처리에서 기상이 현저히 증가하고, 단위 부피당 뿌리의 밀도가 많아진 것을 볼 수 있다. 이와 같은 결과는 심경 후 배수관을 설치한 것과 비슷한 효과이다.

〈표 8-4〉 물리성 개량 처리별 토양물리성 개량 효과 및 배나무 뿌리 밀도

구분	무처리	혼층구	혼층구+배수관	폭기식 파쇄
경도(mm)	26.0	25.4	23.4	24.6
고상(%)	53.2	50.5	50.0	48.4
액상(%)	28.2	23.2	25.3	22.7
기상(%)	18.6	26.3	24.7	28.9
뿌리 밀도(mg/350cm³)	70	150	530	570

다. 화학성 개량

포도나무는 토양 pH가 6.5 정도는 되어야 하고, 석회 포화도가 60% 이상 되어야 생육이 잘되는 과수이다. 1990년대 초반의 우리나라 포도원 토양의 층위별 양분 함량(표 8-5)을 보면 pH는 5.1 정도로 매우 낮은 수준이나 유효인산 함량은 높았고 21~40cm 층위에서는 모든 양분 함량이 낮았다. 특히 칼륨 함량은 심토로 내려 갈수록 낮았으며, 석회와 고토의 함량은 층위에 관계없이 부족한 편이었다. 반면에 최근에는 포도원에 대한 지속적인 퇴구비 및 비료시용으로 인해 과원의 토양 내 유효인산 함량은 월등히 증가하였고 pH도 많이 높아진 것으로 조사되고 있다(표 8-6).

〈표 8-5〉 포도 주산단지 토양 층위별 양분 함량(1993년)

| 층위(cm) | pH(1:5) | 유기물(g/kg) | 유효인산(mg/kg) | 치환성 양이온(cmol/kg) | | |
				칼륨	석회	고토
0~20	5.2	17	358	0.50	4.0	1.1
21~40	5.1	12	207	0.36	3.9	1.1
41~60	5.1	10	91	0.29	4.0	1.4

자료 : 농업과학기술원연보, 1993, p. 239

〈표 8-6〉 포도 주산지 토양 화학성 분포(2016년)

| 지역 | pH(1:5) | 유기물(g/kg) | 유효인산(mg/kg) | 치환성 양이온 (cmol/kg) | | |
				K	Ca	Mg
화성	6.5	15.2	608	1.18	9.5	3.02
영동	6.7	21.0	720	1.52	7.8	3.05
김천	6.4	22.3	590	0.62	5.1	1.45
옥천	6.6	29.1	1,086	1.29	6.4	1.84
상주	5.9	27.1	531	0.98	6.7	2.69
김제	7.0	18.4	581	1.11	10.8	3.41
안성	6.9	30.5	828	1.25	11.0	3.87
천안	7.1	25.8	604	0.89	8.4	3.02

자료 : 국립원예특작과학원, 시험연구보고서, 2016.

석회와 유기물은 심경 후 혼합하여 사용하고, 인산질 비료의 경우도 과수원 전 토양에 혼합되도록 전층 시비를 해야 한다. 석회를 사용할 때는 매년 150~300kg/10a 정도를 pH가 6.5 정도가 될 때까지 사용하나 마그네슘의 결핍을 방지하기 위하여 2~3년마다 고토석회를 시용하는 것이 좋다. 이는 산도 교정과 함께 고토(마그네슘) 결핍을 방지하기 위한 방법이다. 일반적으로 1970년대에서 1980년대 초반까지는 붕소 결핍으로 인한 화진, 과육 흑변 현상이 나타났으나 현재는 원예용 복비나 과수 전용 복합 비료를 사용하는 경우가 많아져 포도원에 따라 붕소 부족보다는 붕소 과다 증상이 나타나고 있으므로 주의해야 한다.

과원에 대한 석회 시용량은 토양이 pH 변동에 견디는 힘에 따라 달라지며, 그 견디는 힘을 토양 완충능이라고 한다. 토양 완충능은 토양 내 점토와 부식의 함량에 따라 변화된다. 토양의 입자 크기 분포 비율이나 유기물의 함량이 다르면 그에 따라 토양에 시용하는 석회의 시용량도 달라진다. (표 8-7)은 토양의 특성(토성)에 따라 토양 pH 1.0을 높이는데 소요되는 석회량을 제시한 결과이다. 우리나라의 과수원 토양은 사질인 곳이 많고, 부식이 적은 것이 일반적이다. 때문에 대개의 경우 소석회의 소요량은 10a당 100kg에서 300kg이 적당한데 부식이 적은 사질토에서는 100kg 정도, 부식이 많은 식양토에서는 300kg가량 시용해야 한다.

〈표 8-7〉 토양의 pH 1.0 높이는데 소요되는 소석회량

토성	토양 pH		
	3.6~4.5	4.5~5.5	5.5~6.5
	(석회 kg/10a, 10cm)		
사토	73	124	110
사양토	–	198	238
양토	–	297	312
석양토	–	348	421
부식토	531	696	787

자료 : 오왕근, 한국토양비료학회지별권, 1975.

03. 표토 관리

토양 표면 관리는 김을 매거나 제초제를 사용하여 풀을 제거하는 청경법과 짚, 산야초, 톱밥, 비닐, 왕겨 등으로 멀칭을 하거나 풀을 기르는 초생법이 있다. 이 중 어느 한 가지 방법이 좋다고 말할 수 없으며 과수원의 조건에 따라 농가의 상황에 맞도록 선택하여야 한다. 표토 관리법은 여러 가지 방법이 있으나 과수원의 위치, 토성, 수확기 등에 따라서 2~3가지 방법을 절충하거나 한 가지 방법을 택하여 경제성이 있는 방법으로 한다. 특히 포도원은 청경 재배를 할 때 제초제로 2,4-D를 사용하면 포도나무에 흡수·이행하여 fan-leaf(부채꼴 모양의 잎) 현상을 일으키므로 조심해야 한다. 과원이 경사지에 위치할 경우는 토양 유실의 우려가 있으므로 적절한 표토 관리 방법을 강구해야 한다. 표토 관리에 따른 포도의 생육량을 보면(표 8-8), 초생 재배나 청경 재배에 비해 흑색 비닐을 멀칭한 경우 지상부와 지하부 모두 생장이 좋았으며, 특히 잔뿌리의 생육에 좋았다.

⟨표 8-8⟩ 표토 관리법에 따른 '델라웨어'의 미결실수의 생체중(%)

처리	지상부			지하부			
	신초	엽	계	대근	중근	세근	계
초생	22.7	27.0	49.7	12.3	10.0	8.3	30.6
청경	29.7	43.3	73.0	12.7	12.3	9.7	34.7
흑색 비닐	31.7	46.3	78.0	18.3	9.3	13.3	40.9

표토 관리에 따른 포도의 품질을 보면 흑색 비닐로 멀칭한 곳이 당도가 높고 산도가 낮았다. 초생 재배구는 청경구에 비해서 숙기가 지연되었으며, 1과립중은 다른 처리보다 컸다(표 8-9). 최근에 사용하는 호밀 등 화본과 작물은 일반적으로 5월 상중순에 베며, 10a당 건물중은 550kg 정도가 된다. 호밀의 베는 시

기에 따라 토양 안에서 호밀이 분해될 때 나오는 질소는 호밀의 생육 일수에 따라 차이가 많다. 생육 20일에는 300평당 19kg 정도, 40일에는 8.4kg, 성숙기인 85일에는 0.84kg이 나오는 것으로 조사되었는데, 베는 시기가 늦을수록 호밀 안에 분해되기 어려운 셀룰로오스나 리그닌이 축적되기 때문이다. 호밀과 같이 탄소는 많고 질소가 적은 작물을 토양에 갈아엎어 풋거름(녹비)으로 이용할 경우에는 포도나무에 질소가 부족하지 않도록 질소 시비에 유의하여야 한다. 보온 덮개 피복 처리는 토양 수분과 지온의 변화로 '캠벨얼리' 품종에서 숙기가 지연되고 흑색 비닐은 숙기를 촉진하였다(표 8-9). 이러한 점에 착안하여 우리나라 주요 품종인 '캠벨얼리' 과원의 피복 재료를 달리한다면 과실 숙기를 분산시킬 수 있어 가격 유지에 도움이 될 것이다. 그러나 피복 효과는 기상 조건이나 농가 과원 환경에 따라 그 효과에 차이가 있을 수 있으므로 농가 사정에 맞는 피복 조건을 찾아보는 것이 좋다.

〈그림 8-3〉 흑색 비닐 피복 재배(좌), 녹비 작물 재배(우)

〈표 8-9〉 표토 관리에 따른 포도(델라웨어)의 과실 품질

토양 관리	처리 기간의 평균 지온(℃)	1립중(g/립)	당 함량(%)	산 함량(%)	숙기(착색도)	식미
초생	21.4	1.67	16.2	1.32	3~4일 지연	불량(신맛)
청경	27.3	1.56	18.0	1.14		보통
흑색 비닐	30.7	1.51	19.4	0.99	4~5일 촉진	양호

자료 : 小林章. 葡萄園藝, p. 150

04. 수분 관리

가. 배수

배수 방법은 명거와 암거 두 가지로 구분하여 실시할 수 있다. 명거배수는 설치 작업이 간편하고 비용이 적게 든다. 그러나 표토에 고랑이 생기기 때문에 과수원 작업에 지장을 줄 수 있다.

암거배수는 토성과 지하수위에 따라 다르나 지하수위가 높아 과원에 물이 많은 경우에는 1m 내외의 깊이에 설치한다. 그러나 지하수위가 문제가 되지 않는 과원에서 토양 중에 물을 제거할 때는 폭 45~75cm, 깊이 60cm 정도로 파낸 다음, 바닥에 직경 200mm 크기의 유공관(측면에 구멍이 뚫린 PVC 파이프)을 묻으면 과수 근권부의 과다한 물을 제거하는 데 도움이 된다. 암거배수 설치 간격은 식토에서는 깊이의 8배, 양토에서 12배 정도로 지형을 고려하여 설치하면 효과를 볼 수 있다. 그러나 답 전환 과원에서 우선적으로 할 작업은 과원 주위에 명거 또는 암거배수를 실시하여 장마철에 과원 주위로부터 과원 내로 물이 유입되지 않도록 차단하는 것이 중요하다. 논을 포도원으로 전환했을 때 (그림 8-4)와 같이 물의 흐름이 유지되도록 포도나무를 심을 때부터 밭과는 다르게 두둑을 높게 올려 심어야 한다.

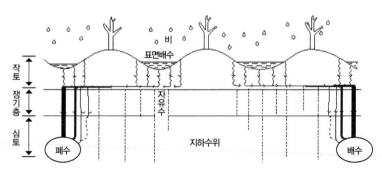

〈그림 8-4〉 암거배수관 설치 재배지의 빗물 흐름

나. 관수

포도는 내건성 및 내습성이 강한 과종이지만, 생육 기간 중에 수분이 부족하면 광합성이 저해되어 가지의 신장이 나빠지고 이상 낙엽 현상이 발생하여 수량이 감소되며, 당도가 떨어진다.

반면에 관수를 하여 토양 수분을 적당하게 유지시키면 열과가 방지되고(그림 8-5), 각종 양분의 흡수가 원활하여 과실이 충분히 크고 당도 및 착색이 좋아져 품질을 향상시킨다.

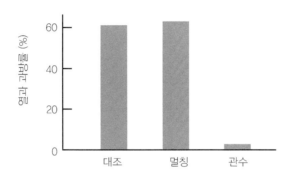

〈그림 8-5〉 관수가 열과에 미치는 영향(거봉)

관수 방법은 표층 살수와 점적 관수 방법이 있으나 관수시기, 관수량 및 토성과 과수원의 위치에 따라 다르기 때문에 과원의 조건에 맞추어 하는 것이 가장 합리적이다. 즉 과수원이 경사가 있거나 식질 토양인 경우는 점적 관수가 효과적이겠으나, 사질 계통의 토성이거나 경사가 없는 과원에서는 표층 살수 방법이 관수 효과를 높일 수 있다. 특히 보수력(물을 간직하는 능력)이 약한 사질토양이나 토심이 얕은 땅은 생육기 중에 토양이 건조할 경우 조기 낙엽, 성숙 장해, 과실 터짐 등의 장해가 발생하기 때문에 적절한 수분 관리가 필요하고, 수확 2주 전에는 관수를 중단시켜 과실의 품질(당도)을 향상시켜야 한다.

포도 열매터짐 현상은 주로 토양 중 물과 관련이 많다. 답 전환 과원처럼 토양 내 물이 많거나, 토양 건조와 과습이 심한 과원에서 열매터짐이 종종 발생한다. 관수를 하지 않다가 수확기에 갑자기 관수를 하거나 가뭄 상태로 관리되다가 수확기에 비가 오는 경우도 같은 결과가 나타난다. 3일 간격으로 10mm 관수하였을 때가 9일 간격으로 30mm 관수하였을 때에 비해 열매터짐 비율이 크게 경감(표 8-10)되며, 수확할 때까지는 수분이 부족하지 않도록 관리하여야 과실이 토양 수분의 변화에 민감하게 반응하지 않는다.

〈표 8-10〉 포도 품종별 관수 간격에 따른 열매터짐 비율

포도 품종	관수 간격(일)	열매터짐 비율(%)		
		2003년	2004년	평균
홍이두	3	13.0	4.7	8.9
	6	18.9	12.2	15.6
	9	38.2	22.3	30.3
블랙올림피아	3	17.4	12.5	15.0
	6	21.6	14.9	18.3
	9	31.6	22.6	27.1

자료 : 김병삼 등, 생물환경조절학회지, 2006.

① 관수 시기

우리나라의 과수 재배에서는 5월 중하순부터 6월 중순까지가 1차 한발기이고, 9월과 10월이 2차 한발기이다. 낙엽 과수에서는 1차 한발기는 생육이 왕성한 시기이고, 2차 한발기는 나무가 다음 해를 위하여 양분을 보충하는 시기이나 품종에 따라 성숙기와 겹치는 경우도 있다. 일반적으로는 1차 한발기의 한발 피해가 2차 한발의 피해보다 크다. 그러나 포도는 1~2차 한발기 모두가 생육기에 속하기 때문에 양 기간에 다 같이 큰 피해를 입는다. 따라서 10~15일간 20~30mm의 강우가 없으면 관수를 시작하는 것이 일반적이다. 관수를 하다가 중단하면 피해가 더 발생할 수 있고, 열매 성숙기에 급작스럽게 관수하면 열매터짐 증상이 심할 수도 있다.

② 관수량

관수량은 과원의 규모나 수원(水源)의 확보상태에 따라 결정하되, 관수량과 관수 빈도는 과실 수량과 품질에 직접적인 영향을 주므로 정확하게 계산되어 공급되어야 한다. 증발산량에 의한 관수량은 1일 4~5mm로 계산하여 7~10일 강우가 없을 때 25~35mm 정도 관수하도록 권장하고 있지만, 증발산량은 토성에 따라 달라지므로 〈표 8-11〉의 자료에 따라 관수하면 무난하다.

〈표 8-11〉 토성에 따른 과수원 1회 관수량과 관수빈도

토양	관수량(mm)	관수 간격(일)
사질	20	4
양토	30	7
점토	35	9

자료 : 김이열 등, 원예작물 관수론, p.96, 2020.

사질 토양은 모래 성분이 많아 물 빠짐이 좋은 반면, 증발산량이 많으므로 4일 간격으로 20mm(20톤/10a) 정도를 관수한다. 이는 2일 간격으로 10mm를 관수하거나 매일 5mm를 관수하여도 문제가 되지 않는다. 토양에 미세한 입자가 많은 점질 토양일수록 한 번에 주는 관수량은 많고 관수 간격은 길어진다. 점토 함량이 많을수록 물을 간직하는 힘이 커서 작물이 이용할 수분이 오래도록 토양에 남아 있기 때문이다.

관수량의 산정방법은 토양 수분 측정에 의한 산정, 작물계수(Kc)에 의한 산정과 달관법 등으로 구분할 수 있다. 그 중 토양 수분 함량을 기준으로 한 방법(중량법)은 현재 토양 수분 함량을 목표하는 수분 함량(%)에서 빼어 그 수치를 관수해야 할 토양의 유효토심과 면적을 곱하면 가능하다. 예를 들면 어떤 과종을 1,000㎡(300평) 면적에 재배하면서 토심 40cm까지 관수하고자 할 때 현재 수분 함량이 15%이고 목표로 하는 수분 함량이 25%이면 1회 관수에 필요한 양은 다음과 같이 계산할 수 있다(토양 가비중을 1로 가정함).

$$관수량(m^3) = 관수면적(m^2) \times 관수토심(m) \times (25-15)/100$$
$$= 1,000 \times 0.40 \times 0.10 = 40m^3(톤)$$

③ 관수 방법

관수 방법은 어떤 한 가지 방법이 절대적으로 좋은 것은 아니다. 토양, 지형, 수원(水源)의 양과 수질에 따라 다르게 선택되어질 수밖에 없다. 그러므로 과수원의 여건인 지형과 토성, 수원의 확보 상태와 농가의 규모 및 기술 상태 등에 따라 다르게 되며 이들 중 가장 보편적으로 이용되고 있는 살수 관수 방법과 점적 관수 방법의 특성은 다음과 같다.

(가) 살수법(스프링클러법)

이 관개법은 압력이 가해진 물을 노즐로 분산시켜서 빗방울이나 안개 모양으로 살수하는 것이다. 살수법에는 고정식과 이동식이 있고, 살수하는 높이에 따라 수상식과 수하식이 있다. 수상식은 과수원 수관(樹冠)의 방해로 토양 표면에 물이 고르게 공급되지 않고 공기 습도의 상승으로 병해 발생을 조장하는 단점이 있으나, 수하식보다 살수 반경을 넓힐 수 있는 장점도 있다. 살수법은 시설 설치비가 비교적 비싸고 수질이 나쁠 경우 노즐이 막힘으로 여과기가 필요하며 높은 수압을 위하여 에너지가 필요한 단점이 있으나, 점적 관수보다 저렴하고 설치가 쉬우며 다양한 토성이나 과원 형태에도 적용이 가능하다. 간혹 물량 조절을 제대로 하지 않으면 표층만 반복적으로 적셔지면서 포도나무 뿌리에 물이 도달하지 않는 경우도 생길 수 있다.

(나) 점적 관수

가장 최근에 개발된 방법으로 수도관에 연결된 미세한 관(2mm 정도)을 나무 밑에 배치하여 나무가 필요로 하는 만큼의 물을 한 방울씩 일정한 속도로 계속 관수하는 방법이다.

압력 보상 기능이 없는 점적기가 부착된 점적 테이프는 수압에 따라 유량이 변화한다. 수압이 10m(1.0kg/cm^2) 이상일 때 점적기에 유량이 정상적으로 나온다. 과수원에 균일한 관수를 위해서는 압력 보상 점적 테이프가 유리하다. 압력 보상 점적기는 수압이 0.4~3.8kg/cm^2 범위에서 압력 보상 판막(실리콘 판막)에 의해 일정한 유량만 흘러나오기 때문에 정밀 관수가 가능하다. 하지만 대부분 수입품이 시판되고 있어 설치비가 상승한다. 그럼에도 불구하고 점적 관수는 물 이용 효율이 높고 한 번 설치하면 장기간 사용할 수 있어 과원에서 많이 이용되는 관수 방법이다.

점적 관수에 의한 토양 내 물의 확산은 토성에 따라 달라진다. 물 빠짐이 좋은 사질 토양의 과수원은 장시간 관수를 하면 물이 옆으로 퍼지기보다는 수직으로만 이동되고, 토양 입자가 미세하여 물 빠짐이 좋지 않은 양토는 수직보다는 수평으로 이동한다. 따라서 사질 토양의 경우에는 한번에 관수하는 시간을 짧게 하여 여러 번에 걸쳐 나누어 주면 물이 수직으로 흐르는 것보다 옆으로 많이 퍼져 관수 효과를 높일 수 있다(그림 8-6).

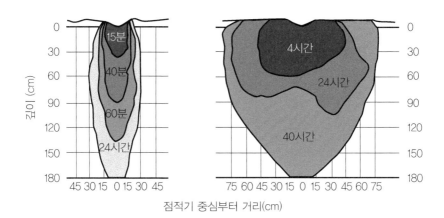

〈그림 8-6〉 토성에 따른 점적 관수 후 물 흐름

최근에는 점적 관수를 하면서 비료 성분을 공급하는 관비(fertigation) 방법이 시도되고 있다. 관비 재배를 하면 비료와 물이 고르게 공급되어 작물이 균일하게 자라고 과실의 품질도 높일 수 있을 뿐 아니라 비료를 주는 노동력도 절감할 수 있기 때문이다. 과수의 관비 재배를 위해서는 주기적으로 유기물을 넣어 심경을 하고 인산 및 석회를 흙과 혼합하여 2~3년마다 시용하는 것이 좋다.

(다) 토양 수분 센서를 이용한 관수

토양 중의 수분 함량을 정확히 관리하는 방법으로 최근에는 토양 수분 센서를 이용하여 토양 수분 함량에 따라 자동으로 관개하는 방법이 개발되어 현장에서 활용되고 있다.

(그림 8-7)은 토양 수분 센서를 이용한 자동 관수 시스템의 원리를 설명하고 있다. 기존 관수 시스템에 토양 수분 센서를 설치하여 토양의 적정 수분 범위를 정하여 주면 토양 수분이 이보다 적으면 전기 신호로 솔레노이드 밸브가 열리고, 토양 수분이 많아지면 솔레노이드 밸브가 닫히는 과정을 반복하게 된다. 이때 토양 수분 센서의 설치 위치는 포도나무 뿌리가 가장 많은 지표 아래 15~20cm 깊이에 설치하면 된다. 센서와 점적핀 간 거리는 토성에 따라 다르나 일반적으로 60~70cm 정도이다. 모래가 많은 토질은 좀 가깝게 점토가 많은 토질은 더 멀리 설치하여야 한다.

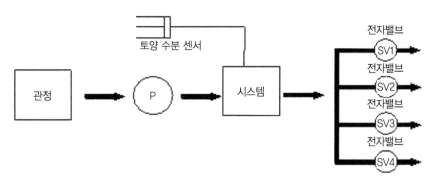

〈그림 8-7〉 토양 수분 센서를 이용한 자동 관수 시스템

(라) 관수 방법의 장단점

과수원의 관수 방법별 장점과 단점은 (표 8-12)와 같으며, 과수원의 형태·조건, 농가의 기술 수준 및 관수의 효율 등을 고려하여 적합한 방법을 선택하는 것이 좋다.

점적 관수는 물 소비량이 적어 물 이용 효율은 높으나 모래땅인 경우는 물이 수평으로 확산하지 않고 수직으로 흘러 점적핀의 수를 충분히 촘촘하게 설치하지 않으면 관수 면적이 적어 관수 효과가 떨어진다. 살수 관수는 충분한 물량을 넓은 면적에 관수하면 관수 효과를 높일 수 있으나 적은 물량으로 관수할 경우 표층만 관수되어 근권에 물이 부족할 수 있다. 따라서 살수 관수는 일시에 많은 물량이 있어야되고, 경사지 과원에서는 물 손실이 우려되는 단점도 있다. 결과적으로 어떤 관수 방법을 이용하든지 과수원 조건과 농가 여건에 맞는 관수 방법을 택하여 이용하는 것이 효과적이다.

〈표 8-12〉 관수 방법별 장단점

방법	장점	단점
살수 관수	○ 관수 효율이 비교적 높음 ○ 정지 작업이 필요 없음 ○ 균일한 수분 분포 유지	○ 시설비가 매우 많이 듦 ○ 병해 조장의 우려가 있음 ○ 토양 유실과 물리성 악화
점적 관수	○ 관수 효율이 높음 ○ 관비 등 복합 관수 가능	○ 시설비 고가, 관리가 어려움 ○ 수질에 따라 여과가 필요

05. 시비

포도나무 재배에서 가장 중요하고 어려운 작업의 하나가 시비이다. 이 작업은 포도나무를 정상적으로 키우고, 좋은 포도를 매년 균일하게 생산하기 위한 기초 관리가 되는 작업이기 때문이다. 포도나무는 덩굴성 작물로서 직립성인 사과나 배보다 시비가 어렵다. 양분의 과부족에 민감할 뿐 아니라 수세 조절이 쉽지 않고 수량 변화의 폭이 크기 때문이다. 품종과 수령 또는 농가의 재배 환경과 조건에 따라서 수량 차이가 워낙 심하여 일률적으로 시비량을 고정하기가 어렵다. 토양 내 양분이 많으면 과번무하여 수세 조절이 어렵고, 부족하면 신초 생장이 지연된다. 더욱이 양분이 많다고 해서 포도의 수량이 크게 증가하거나 과실의 품질이 향상되는 것도 아니다. 가장 합리적인 방법은 토양 내 양분이 많으면 비료를 덜 주고 양분이 부족하면 비료 시용량을 늘려야 한다. 이를 위해서는 농가마다 과원의 토양 양분 상태를 주기적으로 점검하는 것이 필요하다. 과원의 토양 시료를 채취하여 각 지역의 농업기술센터에 보내면 농가의 토양 양분을 진단한 후, 분석 결과에 맞는 토양 검정 시비량을 알려준다.

가. 시비량

① 토양 검정 시비량

시비량은 최고의 수량과 최대의 이익을 얻는 데 필요한 경제적이고도 효율적인 시비량으로 결정하지만 실제 시비량은 품종, 수세, 수량, 토양 조건, 기상 조건에 따라 다르다. 이러한 것을 고려한 포도나무에 대한 질소, 인산, 칼륨의 토양 검정 시비량은 (표 8-13), (8-14), (8-15)와 같다. 이 양은 절대적인 수치라기보다 앞에서 언급된 수세, 품종, 지형, 기상 조건 등을 감안하여 농가마다 다르게 될 수 있으므로 이 양을 기준으로 비료를 시용하되, 나무의 자람세나 활력을 관찰하면서 시비량을 늘리거나 줄이는 것이 바람직하다.

<표 8-13> 포도원 토양 중 유기물 함량에 의한 질소 시비 성분량

(kg/10a)

수령(년)	토양 중 유기물 함량(g/kg)		
	15 이하	16~25	26 이상
1~2	2.5	2.0	1.5
3~4	6.5	4.0	3.0
5~10	10.5	8.5	6.5
11년 이상	19.5	15.5	11.5

<표 8-14> 포도원 토양 중 유효인산 함량에 의한 인산 시비 성분량

(kg/10a)

수령(년)	토양 중 유효인산(mg/kg)			
	200 이하	201~400	401~600	601 이상
1~2	1.5	1.0	1.0	1.0
3~4	4.0	3.0	2.0	2.0
5~10	6.5	5.0	4.0	3.0
11년 이상	10.6	8.5	6.5	3.0

<표 8-15> 포도원 토양 중 치환성 칼륨 함량에 의한 칼륨 성분 시비량

(kg/10a)

수령(년)	토양 중 치환성 칼륨 함량(cmol/kg)			
	0.3 이하	0.31~0.60	0.61~1.0	1.01 이상
1~2	1.5	1.0	1.0	1.0
3~4	4.0	3.0	2.0	2.0
5~10	8.0	6.5	5.0	3.0
11년 이상	15.6	12.5	8.0	3.0

나. 시비 시기

시비한 거름이 흡수·이용되기 위해서는 토양에서 분해되어 뿌리가 뻗어 있는 범위까지 확산되어야 한다. 시용한 거름이 분해되어 뿌리가 흡수할 수 있는 상태로 되는데 소요되는 시일은 거름의 종류, 지온, 강우량 등의 조건에 따라 다르다. 속효성 거름이라도 최소 2~3주일은 걸려야 거름이 분해되어 뿌리가 흡수할 수 있는 위치까지 도달할 수 있으므로 필요로 하는 시기보다 이전에 사용되어야 한다.

관비로 사용할 경우에는 흡수하여 이용되는 시간이 3~4일밖에 걸리지 않기 때문에 시비 시기에 맞추어 적정량을 공급하면 된다.

(1) 밑거름

낙엽 직후부터 해빙기까지 주는 거름으로 질소는 전체 시비량의 60~70%를 차지하고 인산은 전량 밑거름으로 주며 칼륨은 50% 정도를 준다.

(2) 덧거름(웃거름)

우리나라의 계절적 강우 분포를 보면 6~8월에 몰려 있으므로 토양 중의 질소와 칼륨의 손실이 많다. 반면에 6~7월의 장마기는 새 가지 및 과실의 생장이 가장 왕성한 시기로서 양분 흡수량도 급격히 증가하므로 부족하기 쉬운 질소와 칼륨을 사용하여야 한다. 웃거름으로 주는 질소는 연간 사용량의 20~30%이며, 칼륨은 포도알 비대기에 다량 필요하기 때문에 40%를 사용한다.

(3) 가을거름

수확 후 결실로 인하여 쇠약해진 나무의 세력이 회복되고 탄소동화작용을 통한 저장 양분의 축적을 위해서 속효성 거름을 사용하면 좋다. 이는 겨울철의 내한성과도 관련이 있으며 이듬해 봄의 발아, 새 가지 생장, 개화, 결실에도 큰 영향을 끼치므로 중요하다. 그러나 가을거름을 너무 많이 주면 2차 생장이 일어나 역으로 축적된 양분을 소모하므로 나무 세력이 왕성할 때는 질소 비료를 사용하지 않으며, 때에 따라서는 간략하게 요소 엽면시비로 대체하기도 한다. 시비량은 연간 질소와 칼륨 사용량의 10% 범위에서 조절한다.

다. 시비 방법

시비 방법은 일반적으로 수관부 아래에 줄 따라 나란히 뿌리는 방법과 과원 전체에 고르게 살포하는 방법 등이 있으나, 최근에는 대부분의 과원에 점적 관수 또는 스프링클러 관수 시설이 설치되어 있어 질소와 칼륨 성분은 양액탱크에서 물에 녹여 손쉽게 관비로 공급하는 것이 가능하다.

다만 밑거름으로 시용하는 인산, 석회, 고토, 유기물 등은 토양 내에서 이동이 어려운 성분들이므로 과원의 표토에 살포하면 포도의 뿌리까지 도달하지 않는다. 따라서 이들 성분이 땅속으로 들어갈 수 있도록 깊이갈이를 하는 것이 좋으며, 관리기 등 장비를 이용하여 토양을 파고 흙과 섞이도록 해주는 것이 바람직하다.

시비효율은 어린 나무와 성목으로 구분하여 생각해 볼 수도 있다. 즉 어린 나무는 뿌리 분포 면적이 좁고 시비량이 적으므로 나무 주변을 중심으로 뿌려서 최대한 나무가 양분을 흡수할 수 있도록 시비하고, 성목의 경우는 뿌리 발달 면적이 넓으므로 포도원 전체에 골고루 전면 살포하는 것이 합리적인 방법이다.

라. 보통 비료와 부산물 비료

비료는 비료 관리법에 의하여 크게 보통 비료와 부산물 비료로 나눌 수 있다. 보통 비료에는 무기질 질소, 무기질 인산, 무기질 칼륨 등 각종 무기질 비료가 포함된다. 부산물 비료는 유기질 비료와 부숙 유기질 비료로 나눈다. 유기질 비료는 주로 식물성 찌꺼기(깻묵류)가 원료이며 공정 규격은 질소, 인산, 칼륨 성분들의 합계 함량이 5~20% 범위로 되어 있어 일종의 완효성 비료로 볼 수 있다. 부숙 유기질 비료는 주로 농림축수산업 부산물이나 제조업 부산물을 원료로 하고 공정 규격이 유기물 함량 25% 이상으로 규정하고 있으며, 이들은 대개 C/N율이 높아 부숙이 꼭 필요하다. 일반적으로 농가에서 말하는 퇴비는 보통 부숙 유기질 비료라고 할 수 있다(표 8-16).

〈표 8-16〉 유기질 비료와 부숙 유기질 비료의 차이점

구분	유기질 비료	부숙 유기질 비료
원료	동식물 찌꺼기(깻묵류)	농림축수산업 부산물, 제조업 부산물, 인분뇨, 음식찌꺼기 등
공정 규격	3요소 함량 : 5~20% 유기물 함량 : 60~80% 정도이나 규격은 없음	유기물 함량 25% 이상 유기물 대 질소비 50~70 이하 유해 성분 : 중금속 8성분 규제
C/N율	사용 원료의 C/N율이 낮음	사용 원료 C/N율이 높음 톱밥 : 200~400, 볏짚 : 60~80
수분 함량	20% 미만	40~50% 미만
부숙	인위적 부숙이 필요 없음	C/N율이 높기 때문에 인위적인 부숙이 필요
이물질	지정 원료만 사용 이물질 혼입 가능성 없음	이물질(유해성분) 혼입 가능성이 높음. 제조업 폐기물 사용

마. 유기질 비료 및 부숙 유기질 비료

유기질 비료는 그 종류가 다양하며, 같은 유기질 비료라고 하여도 재료의 혼합 비율에 따라서 비효가 크게 다르다. 농가에서 많이 쓰이는 유기질 비료 및 부숙 유기질 비료는 어떤 원료를 사용하는가에 따라 각종 양분 및 유기물 비료 함량의 변이가 아주 크므로 이용할 때 주의하여 살펴보아야 한다.

① 유기물의 시용

유기물의 시용은 그 사용 목적이 토양 물리성 개량인지 또는 화학성 개량인지에 따라 달라지므로 먼저 농가 토양의 어떤 특성을 개량할 것인지 그 목적을 분명히 해야 한다. 농가 토양에 맞는 유기물을 선정하였으면 적정 시용량을 결정하고, 유기물은 시중에서 구입하거나 자가 생산하여 사용한다.

(표 8-17)은 농가의 토양 유기물 함량 수준에 따른 적정 퇴비 시용량을 제시한 자료이며, 유기물은 무조건 많이 주면 좋은 것이 아니다. 퇴비 중 양분 함량이 많은 유기물들은 비료적 성격이 크기 때문에 과량 투입하면 과번무로 인해 수세 조절이 어렵다. (표 8-14)에 나타낸 퇴비 시용량은 양분을 함유하지 않은 볏짚이나 섬유질이 많은 우분 퇴구비를 말하며, 돈분이나 계분 등을 주원료로 하여 만든 시판 퇴구비는 양분을 많이 함유하고 있기 때문에 60~70% 감량하여 시용하여야 한다.

〈그림 8-8〉 포도원 내 유기질 비료의 과다 사용

〈표 8-17〉 토양 유기물 진단에 의한 포도원 퇴비 시용량

(kg/10a)

수령(년)	토양의 유기물 함량(%)		
	1.5 이하	1.6~2.5	3.6 이상
1~2	1,000	500	−
3~4	1,500	1,000	−
5~10	2,000	1,500	−
11 이상	2,500	2,000	−

바. 유기물의 성분량

농축산 부산물로 주로 쓰이는 유기물은 (표 8-18)과 같다. 계분과 돈분은 질소 함량이 많아 비료적 성질이 강하고, 우분은 화학적 성질과 물리적 성질을 개량할 수 있으며, 식물 성분을 주원료로 하는 유기물이 가장 좋은 퇴비이다. 유기질 비료인 어박 및 유박은 유효 질소 성분이 톤당 45~64kg 범위이며, 이를 비료적 관점에서 바라보면 결코 작은 양이 아니다. 통상 비료라고 생각되지 않는 쌀겨도 1톤당 유효 질소 성분이 17kg, 인산은 46kg, 칼륨은 16kg이 들어 있으며, 질소-인산-칼륨의 총량으로는 79kg으로 1년 동안 양분으로 이용될 수 있는 수준이다.

〈표 8-18〉 각종 유기물의 성분함량과 사용 1년 후의 비효

유기물 종류		성분량(kg/톤)			비효율(%)			유효 성분(kg/톤)		
		질소	인산	칼륨	질소	인산	칼륨	질소	인산	칼륨
퇴비류	볏짚 퇴비	4	2	4	10	50	90	0.4	1.0	3.6
	수피 퇴비	3	1	1	10	50	70	0.3	0.5	0.7
	왕겨 퇴비	5	6	5	10	50	80	0.5	3.0	4.0
	우분 퇴비	9	12	11	10	60	90	0.9	7.2	9.9
	돈분 퇴비	15	26	15	20	60	90	3.0	15.6	13.5
	계분 퇴비	14	38	28	30	60	90	4.2	22.8	25.2
유기질비료	가공 가금분	30	45	30	60	70	90	18.0	32.0	27.0
	어박	80	87	5	80	80	80	64.0	70.0	4.0
	채종 유박	56	25	13	80	80	80	45.0	20.0	10.0
	대두 유박	70	15	25	80	80	80	56.0	12.0	20.0
	쌀겨	24	58	20	70	80	80	17.0	46.0	16.0
	유기배합비료				80	80	80			

자료 : 유기물입문, 2005, 일본

(표 8-19)는 시용한 유기물로부터 5년간 방출되는 질소량의 변화를 나타낸 것으로 퇴비류는 시용 후 연차별로 방출되는 질소량은 떨어지나, 시용 후 5년차까지 퇴비 중 양분이 지속적으로 방출되는 것을 알 수 있다. 한편 유기질 비료는 유효 함량은 높으나 4~5년차가 되면 질소의 방출이 거의 없다. 따라서 퇴비류는 방출되는 양분이 유기질 비료보다 적으나 지속적으로 방출되고 유기질 비료는 방출되는 총 양분량은 많으나 퇴비보다 지속 기간이 짧다.

〈표 8-19〉 시용한 유기물에서 5년 동안 방출되는 질소량의 변화(유기물입문, 2005, 일본)

	유기물 종류	질소 함량 (%)	비효율 (%)	시용량 (kg)	질소 전량 (kg)	방출되는 질소량 (kg)				
						1년차	2년차	3년차	4년차	5년차
퇴비류	볏짚 퇴비	0.4	10	1,000	4.0	0.4	0.2	0.2	0.1	0.1
	우분 퇴비	0.9	10	1,000	9.0	0.9	0.4	0.4	0.3	0.3
	돈분 퇴비	1.5	20	1,000	15.0	3.0	1.2	1.0	0.8	0.6
	계분 퇴비	1.4	30	1,000	14.0	4.2	1.5	1.0	0.7	0.5
	수피 퇴비	0.3	10	1,000	3.0	0.3	0.1	0.1	0.1	0.1
	왕겨 퇴비	0.5	10	1,000	5.0	0.5	0.2	0.2	0.2	0.2
유기질 비료	가공 가금분	3.0	60	100	3.0	1.8	0.4	0.1	0.1	0
	어박	8.0	80	100	8.0	6.4	0.6	0.1	0	0
	채종 유박	5.6	80	100	5.6	4.5	0.4	0.1	0	0
	대두 유박	7.0	80	100	7.0	5.6	0.6	0.1	0	0
	쌀겨	2.4	70	100	2.4	1.7	0.3	0.1	0	0
	유기 배합 비료		80							

자료 : 유기물입문, 2005, 일본

제9장

생리 장해

포도의 생리 장해에는 크게 양분의 과부족에 의한 요소 결핍, 수체에 관련되어 나는 생육 장해 및 과실의 장해 증상이 있다. 포도에 주로 발생하는 요소 결핍으로는 마그네슘, 칼륨, 붕소 그리고 망간 결핍이 있으며 수체에 주로 나타나는 생육 장해와 과실 증상은 휴면병, 꽃떨이 현상, 포도 잎의 일소 증상과, 과실에 나타나는 열과, 꼭지마름, 축과와 탈립이 있다.

01. 마그네슘 결핍

가. 증상

마그네슘은 석회와 함께 포도 생장과 결실에 중요한 역할을 한다. 흡수량은 인산의 반 정도로 적은 편이지만 잎에 함유된 양은 뿌리의 인산 함량과 비슷하다. 특히 엽록소의 주요 성분으로서 잎에 비교적 많이 함유되어 있다. 마그네슘이 결핍되면 새 가지 기부의 1~2엽에서부터 시작하여 4~5엽까지 잎맥 사이에 녹색이 없어지고 황색 또는 황백색으로 변하며, 심한 경우에는 갈색으로 변하여 말라 죽는다(그림 9-1). 마그네슘 결핍증

〈그림 9-1〉 마그네슘 결핍증상

상은 생육 초기에는 거의 나타나지 않고 6월 하순부터 발생하는데, 특히 장마 후 7~8월이 되면 증세가 심해져 조기 낙엽의 원인이 된다.

나. 발생 원인

① 토양 수분

비가 많은 해에는 토양 중의 치환성 마그네슘이 쉽게 유실될 뿐만 아니라 토양 중에 산소가 부족하게 되어 질소 흡수에 비해 칼륨, 마그네슘, 칼슘 등의 흡수가 현저하게 떨어진다. 반대로 토양이 너무 건조해도 질소에 비해 인산, 칼슘, 마그네슘 등의 흡수가 불량하게 되므로 장마기에는 배수가 잘되게 하고, 건조기에는 부초 및 관수 등으로 토양 건조를 방지해야 한다.

② 토양 산도

토양이 강산성이면 토양 내 마그네슘이 있어도 뿌리가 흡수하기 어려워 결핍증이 나타난다. 따라서 마그네슘 결핍증을 강산성 토양병이라고도 한다.

③ 칼륨 과다

칼륨과 마그네슘 사이에는 서로 길항 작용이 있기 때문에 칼륨 비료를 많이 주면 마그네슘 결핍증이 발생한다. 반대로 마그네슘을 많이 주면 잎의 황화 현상은 회복될 수 있으나 칼륨 흡수량이 떨어져 수량이 감소된다. 특히 모래가 많은 땅에는 마그네슘을 한꺼번에 많이 주는 것이 좋지 않다.

다. 방지 대책

마그네슘 비료는 마그네시아석회(고토석회), 황산마그네슘, 탄산고토 등이 있는데 토양이 산성일 경우에는 황산마그네슘과 고토석회를 120~200kg/10a 시비하는 것이 좋고, 토양 중에 석회 함량이 높은 pH 6 이상에서는 황산마그네슘을 12~24kg/10a 시비하면 좋다. 시비 효과는 환경 조건에 따라 차이가 있으나 2~3년 정도 지속된다. 응급 대책으로는 황산마그네슘 0.5~2%액을 10~15일 간격으로 2~3회 엽면 살포하면 6주 후에 효과가 나타날 수 있으나, 8월 이후에 엽면시비하면 당해에 효과를 보기는 어렵다.

02. 칼륨 결핍

가. 증상

칼륨이 결핍되면 잎 가장자리의 잎맥 사이에 황화 현상이 나타나며, 그 증상이 잎의 중앙부로 진행된다. 황화 현상이 심하면 잎 가장자리에 괴사 현상이 나타나고 더욱더 심하면 엽록부에 엽소 현상이 나타난다(그림 9-2). 신초에서 황화 현상 발생 부위는 마그네슘 결핍과 유사하게 기부부터 발생하여 중앙, 선단 방향으로 진행한다.

발생 시기는 주로 과실 비대 중기~후기인 8월 상순경부터 가을에 걸쳐 발생되는데, 겨

〈그림 9-2〉 포도나무 칼륨 결핍증상

울철에 밀, 보리 등을 재배하면 생육 초기에도 발생한다. 또한 장마가 긴 해, 토양 습도가 높은 해, 태풍 등으로 포도원이 침수되면 결핍 증상이 나타난다. 칼륨이 결핍되면 과립 크기가 작아지고 착색이 지연되며 나무는 등숙이 불량하여 동해에 대한 저항성이 떨어진다.

나. 발생 원인 및 대책

① 마그네슘/칼륨 비율

토양 내 칼륨 함량이 부족해도 결핍 증상이 나타날 수 있으나 이것만으로는 설명할 수 없는 부분이 많다. 토양으로부터 마그네슘 흡수는 토양 중의 마그네슘/칼륨 비율에 영향을 받듯이 칼륨 흡수도 토양 중의 마그네슘/칼륨 비율에 영향을 받는다. 즉 엽 중 마그네슘 함량이 높으면 칼륨 흡수가 저해된다.

② 다른 미량 성분과의 관계

질소 비료를 많이 주면 엽 중 칼륨 함량이 낮아지므로 칼륨 결핍 과원에 질소 비료를 시비하면 결핍 증상이 악화된다. 또한 붕소와 망간 등의 미량 요소도 칼륨과 마그네슘 흡수에 영향을 주는데, 붕소를 시용하면 칼륨 흡수를 촉진하여 엽 중 칼륨 함량이 증가되며 망간도 칼륨 흡수를 촉진한다.

③ 착과량 조절

잎의 칼륨 함량은 발아 후 신초가 생장하면서 서서히 감소하는 경향이 있다. 이러한 경향은 질소, 인산도 비슷하지만 칼슘과 마그네슘은 반대 경향을 보인다. 송이가 착과되면 잎의 칼륨 함량에 다소 영향을 주고, 과다 착과는 잎의 칼륨 함량을 저하시켜 칼륨 결핍이 나타날 수 있다.

03. 붕소 결핍

가. 증상

붕소는 결핍 정도에 따라 나타나는 증상이 다르다. 결핍 정도가 경미하면 잎맥 간에 유침상의 작은 반점이 생기지만, 잎을 밝은 곳에 비추어 관찰하지 않으면 발견할 수 없다. 그러나 결핍 증상이 심하면 유침상의 작은 반점이 증가되어 최종적으로는 잎맥간에 황화 현상이 나타난다.

붕소 결핍은 식물체에서 생육이 왕성한 조직, 즉 세포 분열과 비대가 왕성한 부위에서 발생하기 쉽다. 신초에서는 선단 부위, 어린잎, 성엽 순으로 엽령이 어릴수록 증상이 심해지고 잎도 작아지면서 기형이 된다.

〈그림 9-3〉 붕소 결핍에 의한 생장점 고사(좌), 붕소 과잉에 의한 엽 변형(우)
(좌, Compendium of Grape Disease, 1998)

① 신초에 나타나는 증상

신초에 붕소 결핍이 나타나면 선단 부위 발육이 현저하게 나쁘고, 절간은 짧고 가늘며 기형이 되면서 선단부터 괴사하게 된다. 결핍 증상이 경미한 경우에는 강우 등으로 토양 중에 수분이 풍부하게 되면 포도나무에 붕소가 공급되어 선단 부위부터 회복된다. 그러나 일단 증상이 발생된 부위는 회복되지 않으므로 신초를 관찰하면 결핍 증상이 발생된 시기를 추정할 수 있다(그림 9-3).

② 꽃송이에 나타나는 증상

잎에 유침상의 작은 반점이 나타난 나무는 개화 전부터 개화기 동안 꽃송이 형태와 크기는 정상 수와 동일하나, 결핍 증상이 심하면 꽃송이는 작고 꽃 수도 적어진다.

정상적인 개화는 개화기에 화관이 기부부터 5조각으로 갈라져 탈락하고, 암술의 주두는 노출되어 적당한 습도를 유지함으로써 화분 발아에 좋은 조건이 된다. 그러나 붕소가 결핍되면 화관이 1~2조각으로 갈라지며 위 방향으로 말리지만 다른 부분은 갈라지지 않아 수술을 덮은 상태로 적갈색이 되어 화관이 탈락하지 않는다.

③ 송이에 나타나는 증상

붕소 결핍이 엽, 신초에 나타나는 나무는 만개 1주일 후에 자방이 위조되어 탈락하는 것이 많거나 착립이 불량하여 꽃떨이 현상이 발생한다. 또한 자방은 탈락하지 않지만 불수정의 무핵 소립과가 되는 것이 있는데, 이 경우에는 만개 2주 후면 과립 형태 및 크기로 유핵과와 구별할 수 있다.

나. 발생 원인

포도나무 뿌리에 필록세라가 기생하면 꽃떨이 현상이 발생하는 것은 잘 알려진 사실이다. 꽃떨이 현상을 방지하기 위해서는 경사지나 뿌리 분포가 낮은 토양에는 필록세라에 저항성을 가진 대목 사용이 권장되어 왔다. 이외에도 문우병 등의 기생에 의한 수세 저하도 붕소 흡수를 저해하여 잎, 송이, 과립에 결핍 증상이 나타난다.

다. 방지 대책

결핍증상이 나타나는 잎의 붕소 함량은 품종에 따라 차이는 있으나 12~17ppm 정도이므로 토양 및 엽면시비로 흡수량을 만족시키는 것이 가능하다. 그러나 붕소의 토양 시용 또는 붕소를 함유한 유기질 등을 시용하는 것이 바람직하고 엽면시비는 응급 대책으로 생각하는 것이 좋다.

① 엽면시비 효과

200L/10a 엽면시비 0.3% 용액을 제조하기 위해서는 물 20L에 붕산 600g을 녹이고, 별도로 소량의 물에 생석회 300g을 녹인 후 물 20L 정도 넣고 잘 저어준다. 그 후에 붕산 용액에 석회액을 넣어 혼합하면서 물을 넣어 200L로 맞춘다. 개화 전 엽면시비는 일주일 간격으로 2회 실시한다. 잎의 붕소 함량이 증가되면 결실률 향상 및 무핵과가 감소되면서 송이 무게도 증가한다. 그러나 잎 및 신초에 나타난 결핍 증상이 회복되는 것은 아니다.

② 토양 시용 효과

붕소는 토양 콜로이드에 흡착 및 고정되는 양이 적으므로 심층으로의 침투가 빠르다. 또한 토양 표층부에 존재하는 세근의 활발한 활동에 의해 필요량을 흡수하는 것이 가능하므로 토양 시용 효과도 빠르다. 이와 같이 붕소 결핍에 붕산 등의 붕소가 함유된 비료를 엽면시비 및 토양 시용을 하면 효과는 빠르게 나타나지만, 생육 기간 중 결핍 증상이 나타나면 피해가 크고 과실, 잎, 신초 등의 조직이 파괴된다. 따라서 결핍 증상이 나타나기 쉬운 토양, 환경 조건에서는 붕소 시용을 적극적으로 하고, 완충 능력이 낮은 토양에서는 유기질을 충분히 시용하여 토양 노후화를 방지해야 한다.

04. 망간 결핍

가. 증상

망간은 철과 함께 식물체 내에서 산화환원 작용에 관여하는 엽록소 생성에 중요한 원소이다. 일반적으로 식물체에는 100만분의 1~3(1~3ppm)정도 함유하고 있으며 망간이 부족하면 잎맥 사이 엽록소가 퇴화하여 황화 현상이 나타나는데, 황화 현상 부위와 건전 부위 간 구분이 명확하지 않다(그림 9-4). 신초에서 발생 부위는 기부, 중간은

〈그림 9-4〉 포도 망간 결핍 증상

물론이고 선단까지 발생한다. 증상이 나타나는 시기는 초여름부터 늦가을까지고, 피해 잎은 엽면시비 등으로 회복되며 증상이 심해도 조기 낙엽은 되지 않는다.

나. 발생 원인

망간은 미량 요소로서 식물체의 정상적인 발육을 위해 필요로 하는 양이 미량이고, 일반적으로 토양 중에 충분히 함유되어 있다. 그러나 토양 수분이 많고 토양 물리성이 나쁜 점질 토양, 지하수위가 높은 과원에서는 토양 pH가 높아 결핍 증상이 자주 발생한다.

다. 방지 대책

포도 잎에 발생된 망간 결핍은 황산망간 0.3%, 석회 0.15% 혼용액을 엽면시비하면 7일 정도면 황화 현상이 회복되는데, 증상이 심하면 7~10일 간격으로 2회 살포한다. 망간 결핍이 상습적으로 발생하는 과원에서는 망간 결핍을 예방하기 위해 밑거름으로 수용성 망간 20~25%을 8kg/10a 정도 시비한다.

05. 꽃떨이 현상

가. 증상

꽃떨이 현상이란 꽃이 핀 후 포도알이 정상
적으로 달리지 않고 드문드문 달리거나 무핵
포도알이 많이 달리는 것을 말한다. 이 현상
은 수세가 강한 '거봉', 과실 송이가 큰 '머스
캣베일리에이', '네오머스캣' 등의 품종에 많
이 발생하며 '캠벨얼리'도 재배 관리가 소홀
하여 수세가 강하면 종종 발생한다(그림 9-5).

〈그림 9-5〉 포도 꽃떨이 현상

나. 발생 원인

꽃이 불완전하거나 수정이 되지 않았거나 수정 후에 배(胚)가 퇴화되었을 때 잘 나
타나는데 수정이 일어나지 않는 원인으로는 꽃 필 무렵의 기상 불량, 저장 양분 부
족, 새 가지 웃자람, 붕소 결핍 등이 있다. 우리나라의 경우 동계 전정 시 강전정에
의한 수세 불안정에 의해 주로 발생한다.

① 개화기 기상
꽃이 필 무렵에 비가 자주 내려 꽃가루가 유실되거나 화관이 떨어지지 않을 때, 기
온이 10℃ 이하로 되었을 때 또는 바람이 너무 강하면 꽃가루가 제대로 날리지 못
하여 수정이 정상적으로 일어나지 않는다. 또한 햇볕 부족이나 저온이 계속되어도
배주가 발달하지 못하여 착과가 나빠진다.

② 저장 양분 부족
꽃이 필 때까지는 저장해 놓은 양분을 가지고 생장하고 발육하기 때문에 저장 양
분이 부족할 때는 새 가지와 뿌리의 생장도 나쁘지만 꽃의 분화와 발달에는 더욱

나쁜 영향을 미친다. 따라서 어떤 이유로든 잎이 많이 떨어지든가 열매를 너무 많이 달면 저장 양분을 제대로 축적할 수 없으므로 다음 해에 꽃 발달에 영향을 주어 착립이 나빠진다.

③ 새 가지 웃자람

질소를 너무 많이 주거나 강전정을 하면 개화기에도 새 가지가 계속 자라서 잎에서 만들어진 동화양분을 대부분 새 가지가 자라는데 이용하고 꽃송이로는 조금밖에 이동되지 않는다. 따라서 꽃이 정상적으로 발육하지 못하여 개화나 수정이 불량해지며, 수정이 되더라도 배의 발육이 불완전하여 포도알이 떨어지거나 작고 씨가 없는 알들이 달린다.

④ 붕소 결핍

붕소는 생장점이나 부름켜(形成層)와 같은 분열 조직에서 세포 분열을 도와주는 중요한 촉매 역할을 한다. 따라서 꽃 기관이 발달할 무렵에 붕소가 결핍되면 세포 분열이 순조롭지 못하여 개화기에 화관이 정상적으로 벗겨지지 않고 그대로 붙어 있거나, 화관 일부가 약간 찢어진 채 수술에 의해 위로 올려져 연갈색으로 변하는 등 비정상적인 꽃들이 만들어진다. 이와 같이 화관이 정상적으로 벗겨지지 않으면 수분과 수정이 되지 않아 개화 후 포도알이 곧 떨어지거나, 떨어지지 않더라도 종자가 없는 작은 포도알이 되므로 착립이 매우 불량한 포도송이가 된다.

다. 방지 대책

조기 낙엽, 질소 과용 과다결실을 피하여 저장 양분을 충분히 축적시켜 꽃이 잘 발달되도록 하는 것이 제일 중요하다. 나무의 세력이 너무 약할 때에는 개화 전까지 요소 0.5%액을 1~2회 엽면시비하여 꽃 발달을 촉진시키고 알이 잘 달리게 한다. 붕소는 꽃 기관의 발육에 중요하므로 부족하지 않도록 2년마다 2~3kg/10a의 붕사를 사용하거나, 꽃 피기 1~2주 전에 붕사 0.3%액을 엽면시비한다. 또한 개화기에 새 가지가 웃자라도 꽃떨이 현상이 많이 발생하므로 강전정, 밀식, 질소 과용 등을 피해 나무의 세력을 안정시키고 세력이 강한 새 가지는 개화 4~5일 전에 반드시 끝부분을 순지르기해 준다.

06. 휴면병

가. 증상

발아기가 되어도 눈이 트지 않거나 눈이 트더라도 새 가지가 잘 자라지 않으며, 심한 경우에는 원줄기 또는 원가지가 갈라져서 지상부가 고사한다(그림 9-6). 이러한 증상은 재식 후 2~3년째 어린 나무에 잘 나타나므로 3년병으로 불리기도 한다.

나. 발생 원인

① 웃자람과 늦자람

질소를 너무 많이 주거나 밀식하여 전정을 지나치게 강하게 하면 새 가지의 생장이 너무 왕성하게 되어 늦게까지 자라게 된다. 이러한 가지는 목질화가 늦어지고, 수체의 탄수화물 함량이 감소되어 내한성이 떨어지게 되므로 휴면병에 약하다.

〈그림 9-6〉 포도 휴면병 증상

② 품종과 대목

일반적으로 미국종은 내한성이 강하고 유럽종은 약하다. 같은 미국종이라도 '캠벨얼리'는 내한성이 강하여 휴면병에 강하나 '거봉'은 내한성이 약하여 휴면병에 걸리기 쉽다.

대목에 의한 내한성 차이는 대목 자체의 내한성 차이에 의한 것이 아니라 대목이 가지의 생육이나 결실에 미치는 영향 때문이다. 즉 나무 생장을 왕성하게 하고 결실이 잘 되게 하는 대목에서는 지나치게 과실이 착과되므로 나무가 약해져 동해를 받기 쉽다. 내한성이 약한 대목은 '세인트 죠시'와 '텔레키계인 8B', '5BB', '5C' 등이고, 내한성이 강한 대목은 '글로아르', '101-14', '3309' 등이다.

③ 겨울철 저온

내한성의 정도는 시기에 따라 달라지는데 1월에 가장 강하고 자발 휴면이 끝나는 2월이 되면 급격히 낮아진다. 따라서 겨울철 -10℃ 이하의 저온 일수가 2월 이후에 많으면 심하게 발생한다. 또한 1월 중순부터 2월 하순까지 너무 건조하면 가지가 수분을 잃게 되어 내한성이 더욱 약해진다.

다. 방지 대책

① 내한성 향상에 의한 방지

질소를 너무 많이 주었거나 열매를 지나치게 많이 달았던 나무에 쉽게 나타나므로 새 가지가 늦게까지 자라지 않도록 해야 한다. 8월 중하순경에도 새 가지가 계속 자랄 때에는 끝부분을 순지르기 하거나 생장억제제를 처리해 준다. 저장 양분 축적은 과다 결실과도 밀접한 관계가 있으므로 과실이 너무 많이 달리지 않도록 한다.

② 보온에 의한 방지

추운 지방에서는 유목기에 땅에 묻어 주는 것이 효과적이나 작업상 어려움이 있으므로 볏짚으로 원줄기를 싸서 보온과 건조를 함께 막아주는 것이 실용적이다. 짚은 이삭 쪽을 위로 하여 원줄기를 싸주고 가장 윗부분은 물이 스며들지 않도록 비닐로 싸주는 것이 효과적이다. 그러나 비닐로 원줄기를 전부 피복하면 주야간의 온도차가 커서 피해를 받기 쉽다.

07. 포도잎 일소 증상

가. 증상

일소는 단순히 일정 잎 부분에만 피해를 주는 것이 아니라, 조기 낙엽을 일으킨다(그림 9-7). 잎은 광합성을 하는 공장으로 당류를 생산하는 장소이다. 여러 가지 이유로 포도잎이 조기 낙엽되면 당도, 착색 등의 품질 저하는 물론이고 저장 양분 축적 불량으로 이듬해 수확까지도 영향을 준다. 따라서 고품질 포도를 안정적으로 생산하기 위해서는 잎을 가을까지 건강하게 관리하여 자연스럽게 낙엽시키는 것이 중요하다.

〈그림 9-7〉 포도잎 일소 증상

나. 발생 원인

① 토양 수분

토양 건조는 포도 잎에 수분 부족 증상으로 나타나는데 생육 단계, 기후, 토양 조건에 따라 다르게 나타난다.

(가) 신초와 과실과의 수분 경쟁

과실이 달려있는 신초와 착과하지 않은 신초와의 잎 시들음 증상이 다른데, 신초에 과실이 달려 있으면 잎 시들음이 늦게 나타난다. 수분이 부족하면 잎은 과실로부터 수분을 가져와 잎을 유지하기 때문인데, 이것도 과실의 삼투압이 낮은 착색기 이전까지 해당된다. 착색기를 지나 성숙기에 들어서면 과실과 잎은 각각 생활하여 과실로부터 수분을 가져올 수 없게 된다. 따라서 토양이 건조하게 되면 신초의 아래 잎부터 시들어 고사하면서 신초 선단 방향으로 진행한다. 성숙기에 고온 건조하면 더욱 피해가 심해진다.

(나) 강우와 토양 조건
일소는 일반적으로 장마기에 나타나는데 지하수위가 높은 답전환 과원 또는 배수 불량한 과원에서 그 증상이 현저하다. 특히 장마기 집중 강우와 장마 직후 온도가 빠르게 상승하면 일소 증상이 더욱 심하다. 장마기에는 수분 과다로 뿌리 발달 및 활력이 떨어지는 반면 신초가 쓰러지기 때문에 뿌리의 수분 공급이 원활하지 않기 때문이다.

(다) 약해에 의한 일소
약해를 일으키는 약제는 주로 보르도액과 동 제품이다. 보르도액은 석회와 유산동을 혼합하여 유산동을 불용액의 교질 상태로 이용한다. 석회 조제에 문제가 있다거나, 석회량이 지나치게 적으면 유산동에 의해 일소 피해를 받는다. 또한 동에 대한 저항성은 품종에 따라 차이가 있는데 '캠벨얼리'와 '거봉'은 약한 편이다. 보르도액를 살포한 후 보르도액이 마르기 전에 비가 오면 석회가 유실되어 유산동이 유출되므로 일소 증상이 나타날 수 있다.

다. 방지 대책

① 토양 개량
과습은 내건성을 저하시키므로 토양 통기성을 좋게 하고 배수를 철저히 하여 장마에도 피해가 없도록 건전한 나무를 만드는 것이 기본이다.

② 약해 방지
보르도액 사용 방법을 충분히 숙지하고 '캠벨얼리', '거봉' 또는 이들 품종을 이용하여 육성된 품종에서는 주의해서 사용한다.

08. 열과

가. 증상

열과란 포도알의 껍질이 갈라져서 터지는 현상으로 터진 부위에 2차적으로 곰팡이병이 발생하여 포도알의 열과를 더욱 촉진시킨다 (그림 9-8). 일반적으로 열매껍질이 연약한 유럽계 포도가 미국계 포도보다 열과가 심한데 '타노레드', '거봉', '델라웨어', '골든 퀸' 등은 열과가 심한 품종이며 '캠벨얼리', '머스캣베일리에이', '네오머스캣' 등은 비교적 심하지 않은 편이다.

〈그림 9-8〉 포도 열과 증상

나. 발생 원인

직접적인 원인은 성숙기의 잦은 비이지만, 어떻게 하여 열매가 터지는지 열과의 메커니즘은 아직까지 확실하게 밝혀지지 않았다. 대체로 송이가 뿌리로부터 물을 지나치게 흡수하여 포도알의 내부 압력이 높아져서 열매껍질의 탄력성이 그 압력을 견디지 못할 정도가 되면 열매껍질에서 가장 약한 부분이 터지면서 열과가 되는 것으로 알려져 있다.

'델라웨어'와 같이 포도알이 서로 밀착되어 자라는 송이에서는 특히 포도알이 밀착된 부분의 껍질에서 큐티클층 발달이 나쁘고, 포도알이 굵어지는 동안 알끼리 서로 닿아 밀어내는 과정에서 표면에 작은 균열이 생기므로 열과가 나타난다. 열과의 발생 정도는 나무의 세력과도 밀접한 관계가 있다. 질소질 거름이나 비료를 너무 많이 주어 새 가지가 웃자라거나 강전정, 밀식 등으로 포도의 수관이 복잡해지면 햇빛이 수관 내부까지 들어가기 힘들고, 그에 따라 열매껍질의 발육이 나쁘고 더욱 연약하게 되어 쉽게 열과가 된다. 열과 발생은 토양 물리성과도 관련이 있다. 일반적으로 비가 오고 안 오고에 따라 토양 습도의 차이가 큰 모래땅이나 배수가 불량하여 뿌리가 얕게 뻗어 뿌리의 대부분이 수분 포화 환경에 처하게 되는 토양에서는 토심이 깊고 배수가 잘 되면서 수분 유지력이 큰 참흙 같은 토양에서보다 열과가 더 많이 일어난다.

다. 방지 대책

뿌리가 물을 지나치게 흡수하는 것을 막기 위해 빗물이 직접 뿌리로 흘러들지 않게 해 주는 것이 중요하다. 따라서 비닐하우스나 비가림 시설을 하면 열과 발생을 효과적으로 줄일 수 있으며, 비닐이나 부직포 등으로 땅을 멀칭하는 것도 좋다. 또한 오랫동안 비가 오지 않을 때는 관수를 하여 토양 수분의 급격한 변화를 막아 주는 것도 열과 방지에 효과적이다.

재배적인 방법으로는 수관을 정리하여 수관 내부까지 햇빛과 바람이 잘 들게 하여 열매껍질의 강도를 높여주는 것이 좋다. 특히 질소질 거름이나 비료를 많이 주면 포도알이 너무 빨리 자라 껍질이 약해지므로 주의해야 한다.

09. 꼭지마름 증상

가. 증상

꼭지마름병으로 불리는 증상으로서 심하게 나타날
때는 성숙기에 송이자루와 송이축의 일부 또는 전
부가 갈색으로 변하면서 말라 죽어 포도알이 우수
수 떨어지는 증상이다(그림 9-9). 증상이 가벼울
때에는 착색은 되지만 당 함량이 낮고 수확 작업
중에 포도알이 떨어지기 쉽다.

이 증상과 비슷한 성숙 장해로서 열매자루 괴사
현상이 있는데, 성숙기에 열매자루가 갈색으로 변
하며 말라 죽는 증상으로 포도알 성숙이 불량하고

〈그림 9-9〉 포도 꼭지마름 증상

포도알이 떨어지기도 한다. 수확기의 '캠벨얼리'에서 흔히 발생하여 꼭지마름병으로
불리고 있는 성숙 장해가 마그네슘 결핍에 의한 열매자루 괴사 현상인 경우가 많다.

나. 발생 원인

송이를 너무 많이 달았거나 칼륨 결핍 등에 의해 송이가 약해지는 것이 1차적
인 원인이며, 꼭지마름 증상의 직접적인 원인은 약해진 송이에 병원균이 침입하
기 때문인 것으로 알려져 있다. 이 장해는 대목과 품종에 따라 발생 정도가 다른
데, 유럽계 포도에서 비교적 많이 발생하고, 나무 세력이 강한 '글로아르'를 대목
으로 이용했을 때 많이 발생한다.

다. 방지 대책

꼭지마름 증상은 마그네슘 결핍에 의한 것이므로 개화기 이후나 8월 상순에 황
산마그네슘 2~5%액을 엽면시비하면 발생을 줄일 수 있다.

10. 축과병

가. 증상

축과병은 시설 재배 포도에서 주로 발생되며 노지 재배에서는 거의 발생하지 않지만, 수세가 강한 경우에는 발생될 수 있다. 또한 포도알이 본격적으로 성숙하는 착색기부터는 발생하지 않는 것이 특징이다. 처음에는 과육에 흑갈색 점무늬가 생기고 이것이 점차 확대된다. 심하면 그 부분이 움푹 들어가는데, 모든 포도알에 발생되는 일은 드물고 일부 포도알에 발생한다(그림 9-10). 증상을 보이는 포도알은 떨어지지 않고 붙어 있으며 증상이 나타난 곳을 칼로 잘라보면 속에 빈틈이 보인다.

〈그림 9-10〉 포도 축과병 증상

나. 발생 원인

토양 수분이 부족할 때 포도송이와 잎의 수분 불균형에 의해 나타나는 현상이다. 그러나 토양의 수분이 지나쳐 잎이 왕성하게 자랄 때는 토양 수분이 낮지 않아도 뿌리로부터 흡수량과 잎의 증산량 사이에 불균형이 생기므로 축과병이 발생한다.

다. 방지 대책

축과병은 수분 부족에 의한 장해이다. 급격한 지하수위 상승, 병해충 등에 의한 뿌리의 손상, 질소질 거름의 과다, 강전정 등으로 지상부 증산과 지하부 흡수간에 불균형이 발생하므로 이를 피하는 것이 좋다. 또한 송이솎기와 순지르기를 하여 잎과 과실의 적정 비율을 조절해 주는 것도 바람직하다.

11. 탈립

가. 증상

탈립은 2~3립이 떨어지는 경미한 것부터 송이 전체가 탈립 되는 것까지 생육 중 발생하기도 하지만 저장 중에도 탈립이 증가한다. 특히 거봉계 품종은 탈립이 쉽게 된다. 수확 직후에 단단해 보이는 포도송이도 유통 중 물리적인 타격에 의해 탈립이 일어나 상품성을 상실하게 된다.

나. 발생 원인

① 송이축 시들음
포도 송이축이 쉽게 시들거나 노화가 진행된 송이에 탈립이 많은데, 이것은 포도 송이로 동화양분 전류와 관계하여 통도 조직의 발달이 불량하기 때문인 것으로 추정된다.

② 동화양분의 부족
조기낙엽, 과다착과, 신초의 왕성한 생장 등을 이유로 동화양분이 과실로 충분히 공급되지 않아 발생하는 것으로 생각된다. 또한 과심 발달이 불량하여 과경이 붙어 있는 부분에 이층이 생겨 떨어지게 된다.

③ 저장 중 탈립
저장 중의 탈립은 과경 변색이 빠를수록 심하고 물리적 손상에 의한 부착력 저하로 탈립되기도 한다. 또한 곰팡이 등의 미생물 발생은 과실의 호흡량을 증가시켜 에틸렌을 발생시키므로 탈립이 발생한다.

다. 방지 대책

현재까지 원인이 확실하지 않아 방지 대책이 어렵지만, 나무를 건전하게 만들어 동화양분 전류를 높이고 착과량을 조절하여 송이축을 단단하게 만든다.

수확 후 건전한 송이를 온도와 습도를 잘 조절하여 곰팡이 등이 발생하지 않도록 저장 하고, 운송 중에는 취급을 조심하고 과립이 움직이지 않도록 보조적인 방법을 강구한다.

10

제10장

수확 후 포도원 관리

01. 이듬해를 준비하는 시기

포도 수확이 마무리되고 낙엽기에 접어들면 과원 관리를 소홀히 할 수 있는 시기이면서 포도나무 수세를 가장 정확히 알 수 있는 시기이다. 포도나무는 생육기에 잎으로 수관이 덮혀 있어 정확하게 수세를 진단하기가 쉽지 않지만, 낙엽기에는 잎이 모두 떨어져 봄부터 늦가을까지 생장한 가지를 그대로 볼 수 있기 때문에 정확하게 수세를 판단할 수 있다. 또한 생육기 동안 병해충 발생이 심했던 과원은 낙엽 등의 병해충 잔재물들을 과원 밖으로 버리거나 소각하여야 이듬해 효율적으로 병해충을 관리할 수 있다.

포도 수확 후에는 외기 온도가 서서히 낮아지고 새 가지 생육도 약해져 대부분 생장하지 않는다. 지금까지 비대 및 성숙에 사용되던 양분이 뿌리, 가지 등에 저장 양분으로 축적되어 수체 충실도를 향상시키게 된다. 양분 측면에서 보면 6~8월에 가지 내 탄수화물이 가장 낮고 9월 중순부터 10월 하순까지 탄수화물이 급격하게 축적되는 시기로 매우 중요하다. 결국 저장 양분 축적량은 다가오는 겨울철 저온과 건조에 대비해서 나무를 보호하고, 이듬해 화아발육과 신초의 초기 생장력을 좌우하므로 저장 양분을 가능한 많이 축적하는 것이 바람직하다.

한편 저장 양분은 1년생 가지에 가장 빠르게 축적되고 그 다음으로 2년생, 3년생 가지 순으로 축적되므로 이 시기에 잎의 광합성 활동을 방해하는 병해충 발생 및 잎의 손상은 수체의 주간, 주지 등의 오래된 가지의 저장 양분 감소로 휴면병 발생의 원인이 된다.

02. 낙엽기 포도나무 진단

포도나무의 낙엽기 수세 진단 포인트
는 엽색, 신초 등숙(목질화), 신초 길이
와 균일도, 재식 거리, 주간 굵기 비율
등이다.

일반적으로 낙엽기는 조생종이 만생종
보다 빨라 9월 하순~10월 상순이 되
면 잎에서 녹색이 감소되어 품종 특유

〈그림 10-1〉 포도나무 낙엽 후 엽병이 남은 모습

의 단풍색을 나타낸다. 그러나 수세가 강하여 늦자람으로 도장하는 신초는 10월
에도 단풍이 들지 않고, 잎에서 합성된 탄수화물을 신초 생장에 이용하여 잎이 늦
가을까지 푸른색을 유지하다가 서리에 의해 고사된다. 이때 엽병과 엽의 접합부가
분리되어 낙엽되기 때문에 가지에는 엽병이 남게 된다(그림 10-1). 이와 같은 나무
는 잎 성분이 정상적으로 회수되지 않아 저장 양분 축적량이 적을 수 있어 바람직
하지 않다.

신초 등숙과 목질화는 생리적으로 다
른 의미를 가지고 있는데, 7월 중순부
터 시작하는 목질화는 수세가 강한 신
초에서 빠르게 나타나고, 수세가 약하
여 생장이 불량한 신초는 가을에도 목
질화가 진행되지 않아 서리 또는 겨울
철 추위에 의해 고사된다(그림 10-2).

〈그림 10-2〉 포도나무 신초의 등숙 정도

그러나 지나치게 웃자란 신초는 목질화되어 저온에 의해 고사되는 것은 적지만, 신
초 생장과 목질화를 위해 다량의 탄수화물이 셀룰로오스 또는 리그닌 합성에 소비
되어 수체 내 전분 함량이 낮아져 겨울철 저온에 대한 저항력이 현저하게 떨어지게
된다.

신초 길이는 품종에 따라 차이가 있으나 '거봉' 품종은 신초가 80~150cm 정도로 균일하고, 전체 생장량의 3/4~4/5 정도가 목질화된 신초가 잎의 성분 회수도 정상적으로 이루어져 수체 내 양분 함량이 높게 된다. 그러나 이는 생육 기간 중의 양분 결핍을 방지하고 적절한 병해충 방제를 통해 충분히 양분의 축적이 이루어지도록 해야 가능하며 재배 관리에 따라 좌우되므로 주의한다.

재식 거리와 주간 굵기 비율은 '거봉' 품종 유핵 재배 시 나무가 차지하는 수관 점유 면적(열간 거리·주간 거리, ㎡)에 주간 단면적(cm²)을 나누어 값이 0.5~1.0이면 정상적인 수세이다. 수관 점유 면적에 주간 단면적을 나눈 값이 0.5 이하면 수세가 강하여 꽃떨이 현상이 발생할 수 있으므로 간벌을 해야 하고, 1.0 이상이면 재식 거리가 너무 넓어 수세가 떨어질 수 있다.

03. 저장 양분 축적

포도는 낙엽 과수이므로 봄에 눈이 발아된 후부터 전엽 6~7매까지는 가지나 뿌리 등의 수체 내에 저장되어 있는 저장 양분으로 생장한다. 따라서 가지나 뿌리에 저장되어 있는 양분이 우선적으로 소모된다.

'거봉'을 포함한 모든 품종은 성숙기 동안 잎에서 합성된 동화양분이 대부분 과실 쪽으로 이동된다. 따라서 수확 이전까지는 양분을 가지나 뿌리에 보낼 만큼 여유가 없어 수체 내 양분은 주로 수확 이후부터 낙엽 직전까지 저장된다. 또한 수확 후에 저장된 양분은 내년도 생육을 시작하는 데 사용되므로 이러한 저장 양분을 충분히 축적하지 않으면 좋은 결과를 기대할 수 없다. 저장 양분이라고 하는 것은 크게 두 가지로 나누어 볼 수 있는데 잎에서 만들어지는 당과 뿌리로부터 흡수되는 무기 양분이다. 당의 축적은 잎의 광합성량에 의해 결정되므로 수확 이후에도 잎은 녹색이 짙고 건강하게 유지하여야 한다. 또한 잎을 건강하게 유지하여 증산작용이 활발해야 뿌리로부터 흡수되는 무기 양분의 축적도 용이할 것이다.

04. 수확 중 감사 비료 시비

과실은 수확이 끝날 때까지 무기 양분을 흡수하기 때문에 신초 등숙은 수확 말기가 되어야 비로소 진행된다. 등숙이 채 되지 않은 신초의 가지는 수분을 70% 정도 함유하고 있으나 등숙이 되면 50% 정도로 감소한다. 이 시기에는 잎에서 가지로 질소가 이동하므로 수확기가 끝날 즈음이 되면 잎의 색이 엷어지게 된다. 그런데 감사 비료를 주는 시기가 잎의 색이 엷어진 이후에는 이미 늦으므로 수확이 한창일 때 시비하도록 한다. 수확 중에 신초 아래쪽의 3마디 정도의 잎을 잘 관찰하여 조금이라도 황색을 띤다면 감사 비료를 시비한다. 시비량은 성분량으로 질소 2.0~4.0kg/10a가 기준이며 잎 색깔에 따라 다소 가감한다.

05. 수확 후 보르도액 살포

수확이 끝난 후 포도원 관리를 등한시할 경우 갈색무늬병을 비롯하여 노균병, 녹병 등이 발생하기 쉽다. 이와 같은 병은 조기 낙엽을 유발하거나 낙엽까지는 되지 않더라도 광합성 기능을 대폭 저하시킨다. 잎을 건전하게 유지하기 위해서는 이와 같은 병을 방제해야 하는데 이런 병원균에 효과가 높은 것이 보르도액이다. 보르도액은 이미 발생한 병원균의 치료에는 효과가 없으나 병원균이 전파되는 것을 방제하는 힘은 매우 강하다. 노지 재배라면 수확 직후에 400L/10a 이상 흠뻑 살포한다. 수확 직후에는 신초 생장이 거의 멈추는 시기이므로 잎의 앞뒷면에 흠뻑 살포하면 수확 후 1회 살포만으로 충분하다. 보르도액의 사용이 여의치 않은 경우 약제 방제를 통해서라도 잎의 정상적인 낙엽이 가능하도록 해주어야 한다.

06. 수확 직후 간벌

수세 조절을 위한 간벌은 동계 전정할 때 주로 하고 있으나 원칙적으로는 수확 직후에 해야 한다. 수확 직후에 간벌을 해야 남아 있는 나무의 잎에 햇빛이 잘 들고 저장 양분의 축적이 좋아져 결과모지가 충실해진다. 수확이 끝나면 과원을 둘러보아 덕면에 가지의 중첩 여부, 신초 길이 등을 잘 관찰하여 간벌을 결정한다. 계획 밀식 재배에서 과원 경영에 실패가 많은 것은 간벌 시기를 놓치기 때문이다.

가. 유목기에는 과감히 간벌

유목기의 성패 여부는 과감한 간벌을 하였는지 여부에 달려있다. 간벌을 하면 덕면에 공간이 많이 생기므로 다음 해 수량이 떨어질 것 같은 생각이 든다. 그러나 유목기에는 신초가 평균 2.0~3.0m 정도 생장하므로 공간을 채운다. 또한 유목기에는 덕면에 어느 정도의 공간이 있어야 재배가 용이하고 덕면에 공간이 있으면 수확량은 약간 줄어드는 반면에 품질이 좋게 된다. 따라서 덕면이 어두운 과원은 인근 나무와 수관이 중첩되면 과감히 간벌해야 한다.

나. 간벌 시 주지 연장지 관리 방법

국내 포도 재배는 조기 증수를 목적으로 계획 밀식 재배하여 초기 수확량을 높이는 경영 방식으로 재식 4~5년차부터는 반드시 간벌을 해야 함에도 불구하고, 초기에 밀식된 재식 주수를 그대로 유지하여 이후 밀식 장해로 많은 어려움을 겪고 있다.
동계 전정 시 수령이 4~5년이 되고 수세가 강한 과원에서는 예상 간벌 수를 정하고, 간벌수 좌우 나무에서 내년도 주지로 사용할 주지 연장지를 길게 받아놓고 간벌수의 공간을 채울 정도까지 키운 뒤 적심하여 등숙시킨다. 이때 내년도 주지 연장을 위해 길게 받아놓은 주지 연장지가 포도호랑하늘소 피해를 받지 않도록 8월 약제방제에 충분히 신경을 기울여 관리해 두어야 내년도 3월에 주지 연장지를 수평으로 유인할 수 있다.

MEMO

제11장

포도 주요 병해 발생 생태 및 방제

01. 포도 병해 방제 기본 요령

가. 월동기 방제

포도는 영년생 작물로 월동기 방제의 개념이 필요하다. 이는 전년도에 발생하여 나무 줄기, 거친 껍질, 낙엽 등에서 월동하고 있는 병원균을 제거하거나 초기 밀도를 낮추는 것으로 생육기 방제를 수월하게 하며 병원균이 활동하기 전에 방제가 가능하고 약제가 잘 도달하여 방제 효과를 높이는 장점이 있다. 주요 내용은 월동처가 되는 전년도 낙엽을 제거하고 거친 껍질을 벗겨 주며, 석회유황합제를 살포하여 광범위하게 보호 효과를 노리는 것이다.

〈표 11-1〉 포도나무에 발생하는 병해의 가해 부위별 분류

병해명	꽃	잎	과실	줄기(가지)	뿌리
탄저병	−	−	◎	−	−
갈색무늬병	−	◎	−	−	−
노균병	−	◎	○	○	−
흰가루병	−	◎	○	−	−
잿빛곰팡이병	−	○	◎	−	−
새눈무늬병	○	○	◎	○	−
뿌리혹병	−	−	−	◎	○
꼭지마름병	−	−	◎	−	−
녹병	−	◎	−	−	−

※ 주 : ◎ 주로 발병되는 곳, ○ 발병되는 곳, − 발병되지 않음

나. 병이 적게 발생되도록 하는 재배 관리

과원 내 수관이 지나치게 복잡하면 바람과 햇볕의 통과가 잘 되지 않아 수관 내 온도가 상승하고 강우 후 빗물이 쉽게 마르지 않게 되므로 습도가 높게 유지되어 병이 다발생 되는 환경이 조성된다. 병 발생은 온도 및 잎이나 줄기 표면에 수분(물)이 존재하는 시간과 깊은 관계가 있으므로 바람과 햇볕이 잘 통하도록 관리하면 강우 후 빗물이 빨리 마르도록 하고 나무는 건강하게 자라게 하여 병 발생을 낮추는 효과가 있다. 한편 토양이 과습하면 나무가 연약하게 자라고 병에 대한 내성이 약해지며, 특히 흰날개무늬병 등 토양 전염성 병은 배수가 불량한 토양에서 다발생 되므로 배수관리를 철저히 한다. 또한 질소 시비 과다는 나무를 도장시키거나 연약하게 하여 병에 약해지므로 과다한 유기물 사용도 피해야 하며 특히 완전 부숙되지 않은 유기물 사용에는 주의해야 한다. 포도의 경우 봉지 재배를 통해 많은 병발생을 억제시킬 수 있으며 이때에는 봉지 씌우기 전에 철저한 약제 방제를 실시하여야 한다.

다. 약제의 교호 살포

우리나라 농약관리법에서는 「농약이라 함은 수목 및 농·임산물을 포함한 모든 농작물을 해(害)하는 균, 곤충, 응애, 선충, 바이러스, 잡초, 기타 농림부령이 정하는 동식물의 방제에 사용하는 살균제, 살충제, 제초제, 기타 농림부령이 정하는 약제와 농작물의 생리 기능을 증진하거나 억제하는 데 사용하는 약제를 말한다」고 정의하고 있다.

농약은 개발 단계부터 약효·약해는 물론 급·만성독성 및 발암성, 최기형성, 후세대에 미치는 영향 등 특수 독성과 작물·토양 및 수중 잔류성, 환경 생태계에 미치는 영향 등 광범위한 분야에 대해 수많은 시험을 실시한다. 그후 결과를 면밀히 검토하고 농업 등 사회·경제적인 측면을 고려하여 안전성이 보장되는 약제에 한해서만 엄격한 법 절차에 따라 등록·사용토록 하고 있다.

따라서 농약의 효과가 가장 잘 나타나도록 하기 위해서는 정해진 농도, 사용 시기 및 방법 등 등록내용을 준수하여야 한다. 특히 고농도로 희석하여 사용하는 것은 위험한 일이며 대신에 약제를 희석한 약량(물의 양)을 충분하고 균일하

한편 농약의 효과를 지속적으로 유지하기 위해서는 약제 저항성(내성)을 일으키지 않도록 관리하며 사용해야 하고 그 중 가장 기본이 되는 실천 사항은 농약의 교호 살포에 있다. 여기서 약제 교호 살포의 의미는 단순히 약제의 상품명이 아닌 계통이 다른 약제를 서로 바꾸어 사용하는 것이다(표 11-2).

〈표 11-2〉 몇가지 원예용 살비제의 계통구분(예)

계통명	상품명
합성피레스로이드계	다니톨유제, 루화스트수화제, 루화스트유제
유기염소계	켈센 유제, 테디온 유제, 켈센수 화제
유기유황계	살비란수화제, 한판
페록시피라졸계	살비왕수화제
유기주석계	토큐 수화제, 토큐 유제, 페로팔 수화제
헥시티아족스계	닛쏘란 유제, 닛쏘란 수화제, 닛쏘란 액상수화제

최근에는 살균제는 기호(가~타)로 작용 기작을 구분하고 같은 기호(작용 기작) 안에서는 숫자로, 살충제는 숫자(1~28)로 작용 기작을 구분하고 같은 숫자(작용 기작) 안에서는 기호(a~d)로 약제의 계통을 분류하여 농약 상표에 기록하고 있다. 즉 상표에 표시된 나2는 작용기작(나)은 병원균의 세포 분열을 저해하는 것이고, 약제 계통(2)은 페닐카바메이트계를 의미한다. 따라서 이 기호가 다른 약제를 사용하여 방제를 하면 약제를 교호 살포하게 되는 것이다. 예를 들어 갈색무늬병 방제에 「아5 + 다3」인 디메토모르프.피라클로스트로빈(액상)[캐스팅]을 사용했으면 다음에는 「아5 + 다3」과 다른 작용 기작인 「카」인 디티아논이나 「사1」인 디페노코나졸을 순차적으로 사용하여 방제한다. 같은 기호가 표시된 약을 연속으로 사용하지 않는 것이 약제를 교호 살포하는 것이 된다.

라. 재배지 청결(위생)

전년도 병해충의 피해 잔재는 그 병해충을 완전 방제하지 않는 한 과수원 내에서 월동한다. 월동기 방제의 가장 중요하고도 기본적인 내용은 과종에 구별 없이 전년도에 피해를 입은 잎, 가지, 과실 등 피해 부위를 모아 태우거나 묻어서 1차 전염원을 제거하는 일이다. 전년도 낙엽 직후에 실시하면 더 효과적이나 그 시기에 병해충의 월동처를 제거하지 않은 경우에는 봄철에라도 실시하여 초기 밀도를 낮춰줌으로써 생육기 방제를 쉽게 하기 위함이다. 전년도에 병해충의 피해를 심하게 입은 경우는 특히 중요하다. 조피 작업을 실시하면 거친 껍질 속에서 월동하는 각종 병해충에 대한 동계 약제의 효율을 현저히 높일 수 있다.

02. 갈색무늬병(褐斑病, Leaf Spot)

병원균은 *Pseudocercospora vitis*라고 하는 불완전균으로 10~30개의 분생 자경에서 분생 포자를 만든다. 분생 포자는 잎 뒷면의 기공을 통하여 침입하며 15~20일의 잠복기를 거쳐 발병한다. 피해 증상은 잎에 흑갈색의 점무늬가 생기고 갈색으로 변하여 조기에 낙엽이 된다. 초기의 작은 병반은 병이 진전됨에 따라 점차 확대되어 서로 합쳐져 잎마름 증상이 나타난다. 유럽종에서는 드물게 나타나며, 원형~타원형의 흑갈색 병반으로 크기는 미국종보다 약간 작다. 품종에 관계없이 병반 뒷면에는 그을음 같은 가루(분생 포자)가 생기는 것이 특징이며 한 개의 잎에 한 개~수십 개의 병반이 형성된다. 5~6월의 강우로 형성된 분생 포자는 잎의 뒷면에 있는 기공을 통하여 침입하고 약 15일의 잠복 기간을 거쳐 병반을 형성한다. 7월 또는 해에 따라서 6월말부터 발생하기 시작하며 8~9월에 발생이 가장 많다. 밀식 과원에서는 월동 전염원이 많아 발생이 많고 장마기가 길고 비가 잦은 해에 다량 발생된다. 병 발생이 많아서 일찍 낙엽이 되면 당해 연도 과실의 당도를 20%까지 저하시키기도 하며 월동과 다음 해 착과, 결과지 생장 등에 심각한 영향을 미친다.

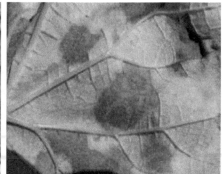

〈그림 11-1〉 갈색무늬병잎 앞면(좌), 갈색무늬병잎 뒷면(우)

수세가 약한 나무에 잘 발생하므로 질소가 많지 않도록 하는 비배 관리와 수관 내부에 햇빛이나 바람이 잘 통하도록 관리하고 배수 등에 유의해야 하며 전염원이 되는 낙엽은 긁어 모아 태워 버린다. 봄철 나무의 발아 전에 석회유황합제를 살포한다. 생육기에는 탄저병 방제를 겸해서 등록 약제를 잎 뒷면 중심으로 충분히 살포한다. 병 발생 시기와 장마철이 중복되는 경우가 많으므로 약제 살포 시기를 놓치지 않도록 주의하여야 한다. 친환경 방제를 실시하는 경우에는 병이 발생하기 전부터 석회보르도액을 살포하면 효과적으로 병을 방제할 수 있다. 시설 재배 '캠벨얼리' 포도 무농약 재배 시 발병 전부터(경기도 화성시의 경우 6월 상순) 5-5식 석회보르도액을 7일 간격으로 4회 살포하여 74.6% 방제 효과를 거둔 연구 결과가 발표되었다(2008, 국립원예특작과학원).

03. 균핵병(菌核病, Sclerotinia Rot)

병원균은 *Sclerotinia sclerotiorum*으로 곰팡이의 일종이며 자낭균류에 속한다. 균사는 0~30℃에서 생육하고 적온은 15~24℃이며 자낭각 형성의 적온은 15~16℃이다. 이 병은 당해 연도에 발생한 연약한 신초에 주로 발병하여 가지에 수침상의 병반이 생기고 손가락으로 누르면 표피는 부서진다. 심하면 목질부까지 무름증상이 생기며, 상부는 마르고 고사한다. 병반부에는 바로 흰색의 균사가 발생하여 균핵을 형성한다. 목질부에도 흰색의 균사가 발생하고 균핵이 형성되어 부러지기 쉬운 상태가 된다. 병원균은 균핵으로 지면에 떨어져 토양 중에서 월동한다. 다음 해 자낭각이 형성되고 자낭각 위에 새로 자낭 포자가 만들어져 바람에 의해 분산되어 포도의 신초에 전염, 주로 봄부터 발병된다. 포도에서 균핵병의 발생은 알려진 지 오래되지 않아서 구체적인 방제법이 연구된 바 없으나, 다른 작물에 발생하여 연구된 보고에 의하면 저온 다습한 조건을 좋아하고 잿빛곰팡이병과 비슷한 조건에서 발병하므로 방제도 그에 준한다. 재배지 위생 관리에 주의하고 발아 전에 석회유황합제 살포로 다른 병과 함께 동시 방제 효과를 기대할 수 있다. 생육기에 병든 가지 발견 시 우선 제거하여 2차 감염을 막아준다.

〈그림 11-2〉 균핵병줄기(좌), 균핵병잎(우)

04. 꼭지마름병(房枯病, Penduncle Rot, Black Rot)

병원균은 *Botryosphaeria dothidea*로 식물병원 곰팡이 중 자낭균에 속하며 병포자와 자낭 포자를 형성한다. 꼭지마름병은 *Botryosphaeria dothidea*(불완전세대 : *Macrophoma*속)라는 병원균이 원인이 되는 경우와 생리적인 원인으로 발생하는 경우 두 가지가 있다. 주로 과실이 익어갈 무렵 과실과 열매꼭지에 발병하는 데 소립계보다는 대립계에 피해가 심하다. 병원균에 의한 경우에는 어린 열매꼭지에 발병하면 담갈색 점무늬가 생기고 이것이 확대되면 고사하며 포도알이 검게 되거나 검은 보랏빛으로 시든다. 포도알에 2~3개의 병반이 생겨 서로 커져서 합쳐지고 과실은 검게 마르고 이후 병반에는 검고 작은 입자가 생긴다. 병든 과실은 부패되지 않고 검은 보랏빛으로 건포도처럼 되어 떨어지지 않고 송이에 붙어있는 경우가 많다. 열매꼭지는 부분적으로 마르고 포도알의 생육은 현저하게 불량하게 되어 쭈글쭈글해진다. 병원균 *Botryosphaeria*는 포도뿐만 아니라 사과에 겹무늬썩음병도 일으키는 등 기주 범위가 매우 넓은 곰팡이이다. 병원균은 병든 과실이나 가지의 병 환부에서 병자각이나 자낭각, 균사 상태로 월동하였다가 이듬해 적당한 환경에서 누출된 병 포자나 자낭 포자로 전염한다. 생리적인 원인에 의해 발생하

〈그림 11-3〉 꼭지마름병

는 경우 과실이 익어갈 무렵 포도송이 중간 아랫부분 과립이 선명하게 착색되지 않고 떨어지게 된다. 특히 착과량이 많을 경우 이런 장해가 일어나기 쉬우며 그 원인은 유효 잎 수가 부족하기 때문인 것으로 보인다. 비가 자주 오고 흐린 날씨가 계속되거나 질소질 비료를 많이 주어 효과가 늦게 나타날 때 또는 착색기에 가지나 잎을 많이 제거했을 때 나타나기 쉽다.

합리적인 비배관리와 배수에 유의하여 나무의 세력을 잘 유지한다. 병든 포도송이는 바로 제거하고 봉지 재배나 비가림 재배를 한다. 약제 방제는 장마기에 예방 위주로 철저히 방제하여야 하나 잠복기가 길기 때문에 성숙기에 발병하면 방제하기 곤란하므로 1차 전염을 막는 것이 중요하다. 약제 살포는 낙화 후부터 8월말까지 실시하며 품종에 따라 수확기를 고려하여 농약의 안전 사용 기준에 유의하여야 한다. 우리나라에 아직 이 병의 방제용 농약으로 등록된 약제는 없지만 사과겹무늬썩음병에 등록된 약제 중 포도에 등록된 약제는 가벤다.이프로 수화제, 만코지 수화제, 지오판.리프졸 수화제 등이 있으므로 이들의 사용이 가능하다. 따라서 포도탄저병, 새눈무늬병 방제 약제로 꼭지마름병도 방제가 가능하다.

05. 노균병 (露菌病, Downy Mildew)

병원균은 *Plasmopara viticola*로 균사는 격벽을 가지고 있으며 세포막은 얇고 분생 포자(유주자낭)와 난포자를 형성한다. 난포자는 휴면 후에 발아해서 그 정단에 분생 포자를 생성한다. 이것은 적당한 조건 하에서 발아하여 60개 이상의 유주자를 생성한다. 여름부터 가을에 걸쳐 발생되며 주로 잎에 발생되나 새순과 과실이 피해를 입기도 한다. 잎에서의 병반은 초기에는 윤곽이 확실하지 않은 담황록색이지만 이 부분을 햇빛에 비추어 보면 마치 기름이 밴 것처럼 보인다. 병반 형성(4~5일) 후에 잎의 표면에 흰백색의 흰가루병과 비슷한 곰팡이를 형성한다. 병반은 점차 갈색으로 변하고 심하면 잎 전체가 불에 덴 것 같이 말라 낙엽이 된다. 꽃송이와 과실에도 피해가 나타나며 어린 포도송이에 감염되면 열매꼭지로부터 쉽게 떨어지게 된다. 늦게 감염된 포도알은 시들고 갈색으로 변하며 결국 미이라과가 되어 열매꼭지로부터 떨어지게 된다. 병든 잎에 형성된 난포자로 월동하며 병반 $1mm^2$ 내에 200~600개 이상의 난포자가 있다.

〈그림 11-4〉 노균병 초기앞면(좌), 노균병 초기뒷면(우)

이것은 토양에서 2년 이상 생존하며 다음 해 4월경에 온도가 11℃ 이상이 되고 10mm 이상의 강우가 내리면 발아하여 대형 분생 포자를 형성한다. 난포자 형성 후 저온에서 3개월 정도의 휴면기 후에 다시 수분을 함유하여 발아한다. 이러한 분생 포자가 비산해서 제1차 전염원으로 되고 약한 잎, 줄기 등에 도달한 후에 발아해서 감염한다. 유주자는 엽면의 수분을 통하여 기공 부근에 도달하면 운동을 멈추고 발아하여 침입한다. 감염은 20℃일 때에는 1시간 정도 사이에 이뤄지고 29℃까지의 범위 내에서는 기온이 높을수록 빠르다. 잠복 기간은 온도에 따라 다르며 5월 중순경에서 10~12일, 6~7월에는 4일 정도이다. 포자형성은 주로 야간에 이루어지고 고습도일 때에 왕성하다. 병반에 다량으로 형성된 분생 포자는 바람에 의해 잎과 과실을 침입하여 2차 감염한다. 감염은 5월경부터 늦가을까지 발생하지만 한여름에는 발병이 일시 정지된다. 어린 과실에 발병하면 과실의 표면에 백색의 곰팡이를 생성하지만 과실이 직경 2cm 정도 이상이 되면 포자를 만들어 회백색~담황갈색으로 변화하며 일소 증상을 나타낸다.

병원균이 피해 낙엽에서 월동하므로 낙엽은 되도록 철저히 모아 매몰하거나 태워 버린다. 수관 하부는 짚이나 비닐로 피복하여 빗물이 튀어 전염되는 것을 막아준다. 질소질 비료를 과다 사용하지 말고 저항성 품종(미국종, 잡종)을 심는다. 발아 전에 석회유황합제를 살포하여 예방하고 생육기에는 일단 발병하면 방제가 어려우므로 감수성 품종에서는 발병 전 예방 약제를 살포하여야 한다.

〈그림 11-5〉 노균병의 발생 후기

이르면 개화 전의 꽃송이에도 발생되므로 발생이 심한 포도원에서는 개화기 전부터 10일 간격으로 침투성 살균제를 살포한다. 약제살포 시 유의해야 할 점은 주로 잎의 뒷면을 통해 침입하므로 잎 뒷면에 약제가 잘 묻도록 해야 하며, 특히 유목이나 세력이 강한 나무에서는 초가을까지 발병이 계속되므로 약제를 살포해야 한다. 포도 노균병 방제의 관건은 병이 발생되기 시작하여 급속도로 확산하는 장마철에 시기를 놓치지 않고 약제를 살포하는 것이다.

06. 녹병(銹病, Rust)

병원균은 *Phakopsora ampelopsidis*로 담자균의 일종이며 우리나라에서는 하포자로 월동한다. 7월경 잎 표면에 황색의 작은 반점이 생기고 뒷면에는 등황색의 가루 모양의 포자 덩어리가 생긴다. 심해지면 잎이 흑갈색으로 변하여 낙엽이 된다. 병원균은 하포자로 월동하여 봄철에 발아해서 분생자를 내며 4~5월경 기주에 도달해서 침입하고 약 10일 정도 잠복한 후에 발병한다. 포도에서의 발병은 6월 하순경 하엽부터 시작되어 병반이 증가하며 표면에 황색의 얼룩을 형성하고 후에 흑갈색으로 변하면서 낙엽된다. 발병은 7월 중하순 장마철에서 8월 고온 건조기에 가장 심하다.

병든 잎을 모아서 땅속에 묻거나 불에 태워 과원에 병원균의 밀도가 낮도록 관리한다. 햇빛과 바람의 소통이 불량한 과원에서 발생이 심하므로 전정과 순치기로 통광, 통풍이 잘되도록 관리한다. 발병이 상당히 진전되고 나서 약제를 살포하면 효과를 기대하기 어려우므로 6월경 발생 초기 단계부터 등록된 약제를 사용하여 방제해야 한다.

〈그림 11-6〉 녹병앞면(좌), 녹병뒷면(우)

병원균은 *Elsinoe ampelina*이며 식물병원 곰팡이 중 자낭균에 속하는 병원균으로 보통 분생 포자만을 형성하나 자낭 포자를 형성하기도 한다. 병원균의 생육적온은 28℃이며 적온 조건 하에서도 생장은 극히 늦어 20일 배양 후 2cm밖에 자라지 않는다. 발육 최적 pH는 6.3~7.0이며 탄소원으로 자당(sucrose) 및 만니톨(manitol)을 좋아하고 질소원으로 아스파라긴산 및 펩톤 등의 유기태 질소를 좋아한다. 봄철 비가 자주 오면 조직이 경화되기 전 어린잎, 줄기, 덩굴손, 과실에 발생한다. 처음에는 잎의 가장자리에 적갈색 또는 보랏빛인 연회색 점무늬가 생겼다가 후에 유합되는데, 특히 잎 뒷면의 잎맥 인접부 우묵한 곳에 많이 발생한다. 유합된 병반은 구멍이 뚫린다. 과실의 경우 처음에 작은 갈색 점무늬가 생겨 점차 검게 확대되면서 약간 오목해지는데, 회색 또는 회백색의 중앙부와 검은색 가장자리 사이에 선홍색 또는 보랏빛 띠가 여러 겹으로 둥글게 되어, 마치 새의 눈과 흡사한 병반이 된다. 신초에도 황백색의 미세한 반점이 최초로 나타나지만 이것은 적갈색부터 흑갈색으로 변하여 표면이 까칠한 타원형의 병반이 되고 선단은 흑갈색이 되어 고사한다. 병든 가지의 월동 병반은 흑갈색으로 오목하고 표면은 갈라져 있으며 병원균은 이곳에서 균사로 월동하다가 이듬해 봄에 불그레한 포자층이 여러 개 생기는 것이 보통이며 이 포자는 빗물에 의해 전염된다. 병원균은 결과모지나 덩굴손의 병든 조직에서 균사 상태로 월동한다. 월동 병반에서 봄철에 비가 오고 온도가 12℃ 이상이 되면 포자가 형성되어 1차 전염된다. 병반 내에 형성된 포자는 빗물에 의해 비산되어 신초, 어린잎 및 꽃송이에 침입한다. 발병 온도는 20~25℃로 5월 중순부터 발병하기 시작하며 포자 발아 시 수분이 필요하고 12℃의 경우 7~10시간, 21℃에서는 3~4시간 걸린다. 발아 후 발아관은 표피의 큐티클층을 관통해서 침입한다. 봄철에 기온이 낮고 비가 많을 때에 발생이 심하고 병에 약한 잎에서의 잠복 기간은 3~5일이 소요되며 잎의 나이에 따라 잠복 기간은 길어진다.

병든 가지, 과실, 덩굴손 등을 제거하여 점염원을 줄이고 질소 비료의 과용이 되지 않도록 하며 수세를 충실하게 관리한다. 비에 의해 병원균이 비산되므로 비가림 재배로 병 발생을 줄인다. 월동 직후 발아 전에 석회유황합제를 살포한다. 신초가 5cm정도 자란 시기부터 장마철까지의 기간 특히 장마 시기가 중요한 방제 시기이며 개화까지의 기간에는 2~3회, 낙화 후에는 7~10일 간격으로 살포해 준다.

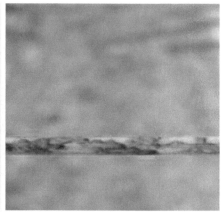

〈그림 11-7〉 새눈무늬병과실(좌), 새눈무늬병가지(우)

08. 잿빛곰팡이병(灰色黴病, Gray Mold Rot)

병원균은 *Botrytis cinerea*로 식물 병원균류 중 불완전균에 속하는 기주가 매우 넓은 곰팡이로 분생 포자와 균핵을 형성한다. 분생 포자는 무색이지만 다량 형성되면 회갈색으로 보인다. 균사 생육 온도는 10~30℃이고 포자는 15~20℃에서 가장 많이 형성되지만 7~8℃에서도 형성된다. 균핵의 크기는 수 mm 정도로 비교적 작고 흑색이며 형성 적온은 15~20℃이다. 봄에 꽃과 신초가 감염되어 갈색으로 변하며 마른다. 늦은 봄이나 꽃이 피기 전에는 크고 부정형의 검붉은 반점이 잎에 나타난다. 감염된 꽃은 부패 및 건조되어 떨어진다. 성숙한 과실에서는 상처 또는 표피를 통해 직접 침입하여 전체 포도송이를 감염시킨다. 습도가 높은 환경에서는 병에 걸린 부위에서 곰팡이가 겉으로 피어나는 모양을 관찰할 수 있다. 병원균은 재배되는 모든 품종을 가해하며 부생성이 강하기 때문에

 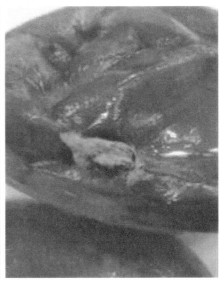

〈그림 11-8〉 잿빛곰팡이병

노화 조직, 죽은 조직과 휴면아 또는 표피 속에 존재하면서 균핵과 균사의 형태로 월동한다. 잎에서도 발생하지만 주로 개화기의 꽃과 꽃자루에 발생하거나 생육 후기에 성숙한 포도송이에 발생하여 피해를 준다. 성숙한 포도알에서는 상처와 과피의 약한 부분을 통해 쉽게 감염한다. 배수가 불량하거나 다습한 하우스 재배에서 발생하기 쉽고 노지 재배에서도 개화 전후 고온 다습 조건일 때 많이 발생한다.

병든 가지나 잎을 땅에 묻거나 태워 월동 병원균의 밀도를 낮춘다. 질소 비료의 과용을 피해 잎이나 가지가 너무 무성하지 않도록 하고, 수관 내부까지 공기 및 햇빛이 잘 통하도록 관리한다. 시설 재배의 경우 환기가 특히 중요하다. 포도송이 주변의 잎을 제거하여 통풍이 잘되게 하고, 포도알의 열과와 곤충에 의한 상처를 막아 감염이 이루어지지 않게 한다. 봉지 씌우기는 포도송이에서 병 발생을 크게 감소시키므로 시행하는 것이 좋다. 병이 발생하기 좋은 조건이면 약제를 살포하는데, 약제는 예방적으로 살포하여야 효과가 있다. 약제는 개화 직전부터 낙화 직후까지 살포하여야 하며, 병원균이 약제에 대한 내성이 생기는 것을 방지하기 위해서 작용 기작(계통)이 다른 약제를 교호로 살포한다.

09. 탄저병(炭疽病, 晚腐病, Ripe Rot)

병원균은 *Glomerella cingulata* [무성세대 : *Colletotrichum gloeoesporioides*, *C. acutatun*]로 식물병원 곰팡이 중 자낭균에 속하며 분생 포자와 자낭 포자를 형성한다. 균사의 발육 최적 온도는 26~29℃이며 발육 가능한 pH는 3.0 이상으로 당 함량이 5% 이상이면 발육이 양호하다. 포도알이 콩알 정도의 크기 때부터 발생할 수 있는데 담갈색 또는 흑갈색의 파리똥 모양의 작은 반점이 생긴다. 그러나 대체로 유과기에 증상이 나타나는 경우는 흔하지 않다. 성숙함에 따라 병반이 점차 확대되며 윤문을 만들기도 한다. 특징적인 연분홍 포자를 가진 적갈색의 병반이 나타난다. 여름철에 비가 잦은 우리나라에서는 매년 발생이 심한 병으로 방제를 소홀히 하면 포도를 거의 수확하지 못할 정도로 치명적인 피해를 주는 병이다. 열매 이외의 다른 조직에서 병이 발생하지 않거나 발생해도 문제되지 않는다. 병원균은 과경, 병들어 말라 붙은 포도알, 그리고 가지에서 월동하고 이듬해 봄 많은 포자를 형성하여 생육기 내내 포도알을 감염시킨다.

〈그림 11-9〉 탄저병

탄저병의 발생 정도는 포도원의 재배 환경과 관리 방법에 따라 크게 차이가 난다. 따라서 철저한 재배지 관리와 더불어 약제 살포에 만전을 기한다. 비가림 시설은 이 병의 방제에 매우 효과적이므로 비가림 시설을 한다. 빗물에 의해 전염되므로 늦어도 6월말 포도알이 콩알만한 크기 때까지 봉지 씌우기를 끝낸다. 밀식을 피하고 전정을 통해 나무속까지 통광, 통풍이 잘 되도록 한다. 질소 비료의 과다 사용을 피하고 배수가 잘 되도록 한다. 겨울 전정 시 병든 송이, 덩굴손 등을 제거하고 생육기에도 병든 과립은 발견하는 대로 솎아주거나 송이째 따 준다. 월동 병원균의 방제를 위해 포도나무 발아 전에 석회유황합제를 살포한다. 생육기의 약제 살포는 발아 후부터 10~15일 간격으로 살포하되 7~8월의 비가 잦을 때에는 7~10일 간격으로 살포한다. 특히 개화 전 약제 살포를 소홀히 하기 쉬운데 이때는 결과모지에서 포자가 형성되어 전파되는 시기이므로 약제를 살포하여 1차 전염을 막아야 한다.

10. 흰가루병(白粉病, Powdery Mildew)

병원균은 *Uncinula necator*로 식물병원 곰팡이 중 자낭균에 속하며 자낭 포자와 분생 포자를 형성한다. 균사는 기주의 표면에 기생하면서 흡기를 표피 세포 내로 침입시켜 양분을 흡수한다. 병원균의 발육 온도는 10~35℃이며 최적 온도는 24~32℃이다. 신초, 잎, 꽃송이, 과립 등에 발생하며 발병이 심한 경우는 발아 후부터 신초 전체가 말라 위축된다. 피해 증상은 잎에서는 3~5mm 정도의 원형, 황록색의 반점을 생성하고 이어 표면에 담백색의 포자덩이로 퍼져 나간다. 어린잎은 뒤틀리거나 위축되고 황백색으로 탈색되면서 낙엽이 된다. 가지에는 회백색의 곰팡이를 만들고 후에 적갈색~암갈색으로 변하게 되며 발병이 심하면 신장 및 비대가 불량하게 된다. 과방에서는 유과기부터 성숙기까지 감염하고 과병, 과립 등에 회백색의 곰팡이를 만든다. 극히 약한 시기에 발병하면 과립은 발육하지 못하고 낙과하거나 약간 발육 후 기형화 또는 갈라지고 미숙한 채 경화되어 소위 돌포도가 된다. 병든 부위 또는 눈의 인편 등에 부착하여 균사 상태로 월동하고 다음 해 개화기를 전후하여 포자를 형성하여 어린잎을 감염시킨다. 그늘진 부위나 연한 조직을 가해하므로 개화기부터 가을에 걸쳐 새 가지, 꽃송이, 노출된 잎의 뒷면 그리고 수관에 가려진 잎과 과실에 발병한다. 병반에 형성된 분생 포자는 바람에 비산되고 강우가 계속될 때보다 오히려 적당한 온도가 유지되고

 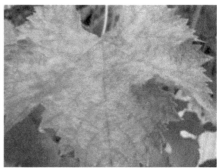

〈그림 11-10〉 흰가루병과실(좌), 흰가루병잎(우)

일조가 많은 때에 발병이 많다. 병원균의 활동은 24~30℃일 때에 가장 왕성하기 때문에 이른봄부터 초여름까지 기온이 높은 날이 계속되고 강우가 적을 경우 발병이 많다. 발병은 5월 상중순부터 시작하여 10월까지 계속되며 최대 발생 시기는 6월 하순~7월 상순으로 유럽 품종에서는 성숙 전 과실에서 발생하여 착색을 나쁘게 하고 열과의 원인이 되기도 한다.

병반이 있는 가지는 제거하고 병든 포도알은 발병 초기에 따 버린다. 통풍이 불량한 과원에서 발생이 심하므로 전정과 순치기로 바람과 햇빛이 잘 통하도록 관리한다. 병든 가지는 병원균의 월동 장소이므로 제거하고 피해 낙엽은 모두 모아 땅속 깊이 묻거나 불에 태운다. 월동 이후에 석회유황합제를 나무 전체에 살포하고 과경에 발병되는 것을 방지하기 위해서 과립이 밀착되기 전에 보르도액을 살포한다. 대립계 다발 품종에는 개화 전(5월 중하순)에 1~2회, 낙화 후의 유과기부터 7월 중순 사이에 2~3회 등록약제를 살포한다.

11. 흰얼룩병(White Mottle)

병원균은 *Acremonium* sp., *Trichothecium* sp. 유사한 증상에 대하여 *Hanseniaspora* (*Kloeckera*) sp. 라는 일종의 효모에 의한 포도 흰송이 증상으로 보고한 연구 결과도 있다. 따라서 포도 흰얼룩병은 이들 2종 또는 그 이상의 미생물이 단독 또는 혼합하여 표면에 기생해 발생하는 것을 알 수 있다. 또한 주사 전자 현미경을 통한 검경 결과 다른 일반 식물병원균들이 식물체의 조직을 침입하는 반면, 이들 미생물은 단지 표면을 감싸고 있고 조직 속을

〈그림 11-11〉 흰얼룩병

침입하지는 않는 것을 관찰할 수 있다. 포도나무의 결과지와 과실에 주로 착색기 이후에 습한 날씨가 계속되는 해에 많이 발생한다. 흰얼룩병이 발생한 무가온 비가림 과원의 공통점은 첫째, 과수원의 높이가 농로보다 낮아서 환기가 안 되며, 특히 비가 오는 기간에 시설 내 습기가 정체하는 시간이 길다. 둘째, 과실 봉지 씌우기 전에 유효한 살균제를 살포하지 않았다. 셋째, 장마기 전후에 영양제를 살포한 과수원이 많았다. 넷째, 포도 비가림 과수원 조성 전에 벼를 재배한 과원에서 발생이 심하였다.

4가지 공통점 중에 2~3가지를 회피한다면 흰얼룩병 발생을 경감시킬 수가 있다. 또한 과원 주변이 과습한 상태이거나 시설의 경우 환기가 불량하면 병 발생이 많아진다. 관행 수준의 약제 방제 농가에 비하여 무농약 등 친환경 재배 과원에 많이 발생하는 경향이 있다. 포도나무의 결과지와 과실에 과일의 성숙기 이후에 주로 나타나는 증상으로 흰얼룩이 결과지나 과실의 표면을 덮고 있어서 마치 흰가루병과 유사한 증상을 나타낸다. 그러나 관여하는 미생물은 흰가루병균과는 전혀 다른 부생성이 강한 미생물 2종 또는 그 이상이며, 과실 조직에 침입하여 해를 끼치지는 않으나 과실의 외관을 해쳐 상품성을 저하시키고 심지어 약제를 과다 살포한 것으로 오해받게 한다.

포도나무에 등록된 살균제 중에는 흰가루병에 등록되어 사용하고 있는 디페노코나졸 유제가 가장 효과적으로 이 증상을 억제할 수 있었다. 친환경 농업을 하는 경우 '캠벨얼리'는 갈색무늬병 방제를 위해 조기 석회보르도액을 사용한 경우 이 병을 현저하게 억제할 수 있었다.

12. 큰송이썩음병(大房枯病, Berry Rot)

병원균은 *Pestalotiopsis uvicola*이며 포도알의 표면에 짙은 갈색의 작은 반점이 나타나고 차츰 진전되면서 껍질 전체가 어두운 갈색으로 바뀌다가 쭈그러들어 군데군데 주름이 잡힌다. 시간이 지남에 따라 여기에 검은색의 작은 돌기들이 생기는데, 이것이 병을 일으킨 곰팡이의 포자 덩어리이다. 마침내는 썩으면서 검고 단단해진다. 주로 포도알에 나타나지만 자세히 살펴보면 과경에도 많이 나타나는 것을 볼 수 있다. 큰송이썩음병은 꼭지마름병과 매우 비슷한 면이 있지만 병을 일으키는 병원균이 다르다. 병에 걸려 썩은 부위가 꼭지마름병은 송이축인 반면 큰송이썩음병은 열매꼭지 부분이다.

피해가 크지 않은 까닭에 아직까지 정확하게 알려진 방제법은 없다. 우리나라에는 아직까지 이 병의 방제 약제가 등록되어 있지 않다. 외국에서도 특정한 약제를 사용하고 있지는 않는다. 다만 베노밀 등 일반 광범위 살균제를 사용하여 탄저병, 새눈무늬병 등과 동시 방제하는 것이 효과적인 것으로 알려져 있다.

〈그림 11-12〉 큰송이썩음병

13. 뿌리혹병(根頭癌腫病 , Crown gall)

이 병은 지제부를 비롯하여 가지와 줄기에 침입하는 병으로 처음에 작은 혹 같은 것이 생기고 이것이 점차 커지면서 굳어지고 그 표면에는 주름이 생기면서 농갈색으로 변하게 된다. 혹의 크기는 작게는 콩알만한 크기에서부터 작은 공 정도 또는 그보다 더 큰 경우도 있다. 피해를 입은 나무는 발육이 아주 약해지고 과실은 가을에 비정상적으로 조기 착색되는데 대개는 수년 후 죽게 된다. 포도나무를 비롯하여 사과, 배, 밤, 감, 호두나무 등 여러 과종에 발생되며 특히 땅에 묻는 포도나무의 경우에 피해가 더욱 심하게 나타나고 있다. 땅속에 퍼져 있던 병원균이 묘목의 접목부나 뿌리의 상처를 통하여 침입해서 발병하게 되며 빗방울의 비산에 의해 다른 상처 부위로 침입하여 줄기에도 발생하게 된다. 그러므로 뿌리를 가해하는 토양 해충이나 작은 동물, 각종 작업 도구나 농기구 및 작업 중 상처 등은 뿌리혹병 발생을 유발시키는 원인이 되기도 한다. 이 병의 전염은 주로 병든 묘목, 접목 도구 및 전염된 관개수나 토양에 의해 주로 옮겨지므로 전염원 차 단에 세심한 주의가 필요하다.

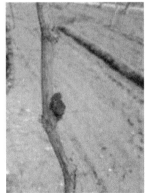

〈그림 11-13〉 뿌리혹병

병원균이 상처를 통하여 침입하였을 경우 침입 부위에 혹이 형성된다. 혹의 형성은 일반적으로 22~30℃ 범위에서 왕성하고 품종에 따라 혹이 형성되는 데 필요한 기간이 다르나 포도나무는 1년 이상이 걸린다. 또한 이 병원균이 포도나무의 도관 조직에 존재하기도 하는데 삽목이나 접목에 의해서 감염되기도 한다. 재배적 방제 방법으로 주로 묘목에 의해 전염되므로 묘목을 구입할 때 특히 주의하여 뿌리에 혹이 붙어 있는 것은 구입하지 말아야 한다. 포도원에서 이 병이 발견되면 뽑아 태운다. 그리고 그 부위에 있던 흙은 파내고 가능하면 다른 흙으로 객토한다. 이 병은 나무의 새로운 상처로 침입하므로 특히 뿌리 부위가 상처를 받지 않도록 조심하고 뿌리를 가해하는 해충을 구제한다. 겨울철 땅에 묻어 주는 품종은 비닐이나 피복재료로 싸서 묻어준다. 병이 발생한 토양에서는 포도나무를 재배하지 말고 다른 작물을 재배한다. 약제 방제방법은 병원균이 우려되는 묘목을 석회유(물 20L에 생석회 4kg을 녹인 것)에 10분 동안 담그거나 8-8식 보르도액에 1시간 동안 침지 소독한 후 재식한다. 묻었던 포도나무는 파내어 조피를 제거한 다음 석회유황합제를 도포한다.

14. 파이토플라즈마병(Phytoplasma Disease, 병원균 : *Candidatus Phytoplasma*)

파이토플라즈마병에 의한 주된 증상은 총생이며, 우리나라에서는 지금까지 대추나무 빗자루병의 발생이 보고되어 있다. 포도에서는 2005년에 국내에서 처음으로 '캠벨얼리' 품종에서 파이토플라즈마 감염으로 총생화와 잎이 가늘어지는 세엽, 꽃눈이 비정상적으로 많이 발생한 다화아(多花芽) 증상을 확인하였다. 파이토플라즈마는 접촉에 의해서는 전염이 어렵지만 매미충이나 나무이 등에 의해서 전염되므로 감염 재배지 내 확산이 빠르게 진행될 수 있다. 무병 묘목을 사용하는 것이 병의 방제를 위한 근본 대책이며 항생제, 특히 테트라싸이클린 계통의 사용으로 병징 발현을 일부 억제할 수 있어 재배 농가에서 활용되고 있는 실정이다. 특히 포도에서 처음 발견된 파이토플라즈마병의 경우 주변의 대추나무 빗자루병과 동일한 그룹의 파이토플라즈마병인 것으로 확인되어 대추나무로부터 전염되었을 가능성을 추정할 수 있다. 따라서 파이토플라즈마병의 전염 예방을 위해서는 과원 주변에 대추나무 식재를 피하도록 해야 하고 매미충류 등 매개충의 방제에 적극 노력을 기울여야 할 것이다.

〈그림 11-14〉 포도 파이토플라즈마 감염 증상

15. 잎말림병(葉卷病, Leaf Roll, 병원균 : Grapevine Leafroll Virus(GLRV))

잎 끝이 뒤로 말리며 녹색의 잎맥은 넓어지고 잎맥 사이는 노란색이나 적색으로 변한다. 잎 가장자리가 타는 듯이 괴사하며 포도나무 전체가 붉은색이나 노란색을 띤다. 생육 초기에는 수분 부족인 것처럼 시들지만 생육 후기 특히 수확기부터 낙엽기에 증상이 확실해진다. 포도나무를 죽게 하지는 않지만 수량을 약 20% 감소시키고 숙기를 지연시킨다. 감염되거나 잠복 감염된 삽수, 대목 또는 묘목에 의해 전염된다. 무병묘를 사용하는 것이 유일한 방제법으로 접목을 할 경우 바이러스에 감염되지 않은 삽수와 대목을 사용하고, 전정 등 작업 도구에 의한 확산을 차단하며, 깍지벌레에 의한 전염은 사전에 매개충을 방제하여 병의 전파를 막는다.

| 적색계 품종에서의 포도 잎말림 바이러스에 의한 전형적인 증상 | 백색계 품종에서의 증상 | 루비 품종에서 감염주 증상 |

〈그림 11-15〉 GLRaV-3의 병징

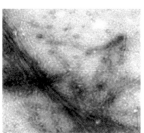

| 바이러스 감수성 품종 'LN33'에 나타난 절간 단축 및 위축 증상 | 'LN33'에 나타난 절간비대와 수피 균열 증상 | GLRaV-3입자 |

〈그림 11-16〉 GLRaV-3의 접목 검정 및 바이러스 입자

16. 얼룩반점병(Fleck, 병원균 : Grapevine fleck virus (GFkV))

품종에 따라 나타나는 병징이 다르지만 완전히 전개된 잎에 잎맥을 따라 작고 투명한 반점들이 규칙적으로 보인다. 특히 머루에서는 잎맥이 갈변하면서 괴사되는 증상을 나타내기도 하며, 품종에 따라 잎 가장자리의 잎맥이 쭈글쭈글해지고 볼록해지면서 모자이크 증상이 나타나기도 한다. 우리나라의 재배 과원에서 잎말림바이러스와 함께 감염률이 높은 바이러스이며 품질에 영향을 미쳐 상품성을 떨어뜨리는 요인이 된다. 주로 접목에 의해서 전염되고 매개곤충에 의한 전염은 아직까지 보고되지 않았다. 약제에 의한 방제는 불가능하므로 바이러스에 걸리지 않은 무독묘목(無毒苗木)을 재배한다. 접목 시에 건전한 접수를 사용하는 것이 바이러스병의 확산을 막는 지름길이다.

| 포도 잎맥 사이의 투명화 | 잎맥 주변의 얼룩 증상 | 머루 잎의 잎맥 갈변 증상 |

〈그림 11-17〉 GFkV의 증상

17. 바이로이드병(Viroid Disease, 병원균 : Grapevine yellow speckle viroid-1(GYSVd-1), Grapevine yellow speckle viroid-2(GYSVd-2), Hop stunt viroid(HSVd))

GYSVd-1과 GYSVd-2, HSVd 중 한 가지 종에만 단독 감염되었을 때는 뚜렷한 피해 증상을 나타내지 않는 경우가 많으며, 바이러스와 바이로이드가 복합 감염되었을 경우 잎에 심각한 피해 증상을 나타내고 있는 것이 확인되었다.

호프스턴트바이로이드(HSVd)와 포도 잎말림바이러스(GLRaV-3), 포도 얼룩반점바이러스(GFkV) 3종이 복합 감염되었을 때 잎에 모자이크 증상과 기형화가 심하게 나타났으며, 과실 품질도 불량해지고 수량이 약 30% 감소되었다. 포도 황화반점바이러스1(GYSVd1)은 잠복 감염 상태로 식물체에 존재하다가 고온으로 인해 병원성이 발현되면 포도 잎에 크림색의 반점이 엽맥을 따라 나타나고 심한 경우 엽육에도 황화반점이 형성된다. 바이로이드의 전염은 과수 작물에서 주로 감염 식물체로부터 접수를 채취하여 접목하는 경우에 전염될 확률이 가장 높다. 그러나 전정이나 접목 작업 시 도구에 의한 전염 가능성도 배제할 수 없을 것으로 판단된다. 바이로이드병도 바이러스병과 마찬가지로 농약 살포에 의한 화학적 방제가 불가능하므로 건전한 대목과 접수를 이용하여 묘목을 생산하는 것이 가장 중요한 예방법이다. 접목 전염성 병해로부터 나무를 보호하기 위해서는 작업 도구 소독 등의 방법으로 병의 감염을 사전에 예방하는 것 또한 중요하다.

사전에 정밀하게 진단하는 것이 병의 사전 예방에 필수적인 과정이므로 전문 기관의 도움을 받아 도입 품종이나 의심주를 진단하여 조기에 도태시켜야 한다.

〈그림 11-18〉 포도 바이로이드 감염 증상
HSVd, GLRaV-3, GFkV 복합 감염의 모자이크 증상(좌), GYSVd1의 황화반점 증상(우)

12

01. 볼록총채벌레(*Scirtothrips dorsalis* Hood)

성충(成蟲, 어른벌레)의 몸길이는 0.8~0.9mm 정도이고 몸 색은 노란색이다. 복부(배)에는 3~8절에 어두운 갈색의 띠가 있다. 날개는 가늘고 좁으며 둘레에 가는 털이 나 있어 말총 같이 보인다. 어린 과실에 회백색 또는 갈색의 부스럼딱지 같은 반점을 형성시킨다. 어린잎에는 작은 반점이 생기고, 잎 뒷면이 갈변하고 표피가 코르크화 된다. 또한 열매꼭지를 가해하여 신선함을 떨어뜨린다.

1년에 5~6회 발생하고 성충은 거친 껍질 하부 등에서 겨울을 난다. 이듬해 4월경에 활동을 시작하여 5~6월, 8~9월경에 많이 발생한다. 주로 약충(若蟲, 애벌레)이 가해하며 어린잎을 가해하다가 포도알에도 피해를 준다. 노지 포도보다 시설 포도에 피해가 심하며 1세대 기간은 약 15일이다. 방제 적기는 개화 전부터 낙화 후까지 약 1개월간이다. 밀도가 높으면 7월 중순에 추가로 약제를 살포해야 한다.

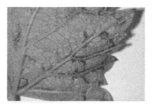

〈그림 12-1〉 볼록총채벌레 성충(좌), 과실 피해(중), 피해 잎(우)

02. 애무늬고리장님노린재(*Apolygus spinolae* Meyer-Dür)

애무늬고리장님노린재 성충의 몸길이는 5mm 정도로 작은 노린재이다. 몸 색은 선녹색이며 촉각은 담갈색이다. 앞날개는 선녹색이나 막질부는 담흑색이다. 약충도 성충과 비슷한 모양이나 날개만 덜 발달되어 있다. 약충과 성충이 어린잎과 과실을 가해한다. 어린잎이 피해를 받게 되면 조직이 죽어 바늘로 찌른 것처럼 갈색으로 변한다. 잎의 피해 부위는 크게 구멍이 생기고 전체 잎이 너덜너덜해진다. 개화 전후 또는 착립기에 흡즙 피해를 받으면 꽃송이가 말라 죽으며 과피 흑변, 코르크화, 소립과 증상이 나타난다. 피해 과실은 수확기가 되면 열과 되거나 착색이 불량해진다.

휴면 중인 포도 눈의 인편 틈에서 알로 겨울을 난다. 이듬해 봄에 새 가지가 약 3cm 정도 자랄 무렵인 3~4엽기에 알에서 부화한다. 부화한 약충은 새 가지 끝부분에 있는 잎을 가해한다. 꽃송이가 출현하면 꽃송이도 가해하기 시작한다. 과실비대가 끝나면 과실을 가해하지 않으며 새로운 어린잎을 가해한다. 성충은 10월 중순경에 포도나무 가지에 월동 알을 낳는다. 방제적기는 발아기부터 꽃송이 형성기까지이다. 평소 피해가 심한 포도원은 이 기간에 2회 정도 약제를 살포하는 것이 좋다.

〈그림 12-2〉 장님노린재 성충(좌), 피해 과실(중), 피해 잎(우)

03. 이슬애매미충(*Arboridia kakogawana Matsumura*)

성충은 몸길이가 3mm 정도로 연한 노란색이다. 정수리 앞쪽의 양 옆에 2개의 검은색 점을 가지고 있다. 약충과 성충은 포도나무의 잎과 포도알에서 즙액을 빨아먹는다. 잎 뒷면을 가해하면 잎이 엽록소를 잃어 하얗게 변하며 광합성 능력도 떨어져 착색과 성숙이 불량해진다. 많이 발생하면 포도송이에 그을음병을 유발시켜 상품 가치를 크게 떨어뜨린다.

애매미충은 성충으로 낙엽 속, 거친 껍질의 틈 사이에서 겨울을 난다. 1년에 3회 발생하는데 1회 성충은 6월 중순~7월 상순에 나타나고, 2회 성충은 8월 중하순, 3회는 9월 하순~10월 상순에 나타난다. 방제 적기는 성충이 활동하는 발아기(4월 중순)부터 다음 세대의 성충이 나타나는 6월 중하순 이전까지이다. 이 기간에 발생 여부를 잘 살펴 발생이 확인되면 초기에 약제를 살포하는 것이 효과적이다.

〈그림 12-3〉 이슬애매미충 성충(좌), 약충(중), 피해 잎(우)

04. 꽃매미(*Lycorma delicatula* White)

성충은 몸길이가 14~15mm이며 앞날개는 연한 회색빛을 띤 갈색이다. 아래쪽의 2/3 부분까지 검고 둥근 점무늬가 20개 있으며 뒷날개는 붉은색이다. 약충은 등에 붉은 줄무늬가 세로로 나 있으며 흑색 점이 14개 있다. 약충과 성충이 줄기에서 즙액을 빨아먹는다. 배설물에 의해 포도송이에 그을음병이 생겨 상품 가치가 떨어진다.

1년에 1회 발생하며 알 덩어리로 포도나무의 원줄기 등에서 겨울을 난다. 알은 4월 하순경부터 부화하기 시작하여 6월 상순이면 대부분 부화한다. 약충은 포도 잎과 줄기에서 즙액을 빨아먹으면서 성장하며 4회에 걸쳐 탈피를 한 후 7월 하순부터 성충이 된다. 성충은 9월 하순경부터 교미한 후 월동 알을 낳는다. 방제법으로는 알이 부화하는 5월 중하순에 등록 약제를 살포하여 초기 밀도를 낮춘다. 야산에서 번식한 성충이 포도밭으로 들어오는 9월부터 발생이 확인되면 약제를 살포한다.

〈그림 12-4〉 꽃매미 월동 알덩어리(좌), 약충(중), 성충(우)

05. 미국선녀벌레(*Metcalfa pruinosa* Say)

성충의 몸길이는 7.0~8.5mm로 회색을 띤다. 약충의 몸길이가 약 5mm로 몸 색깔은 유백색이다. 약충은 하얀 솜과 같은 왁스 물질로 덮여 있다. 성충과 약충이 포도나무 가지와 잎에서 수액을 빨아 먹는다. 다량의 분비물과 왁스 물질을 분비해 잎을 지저분하게 만든다.

연 1회 발생하며 가지에서 알로 겨울을 난다. 5월 하순~6월 상순에 부화한 약충은 잎과 가지로 이동해 가해한다. 약충은 60~70일 후에 성충이 되고 9월경부터 월동 알을 낳는다. 방제를 위해 월동 알이 부화하는 5월 하순~6월 상순에 약제를 살포한다. 야산에서 번식한 성충이 포도밭으로 들어오는 9월부터 발생이 확인되면 약제를 살포한다.

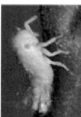

〈그림 12-5〉 미국선녀벌레 성충(좌), 약충(중), 피해 과실(우)

06. 포도뿌리혹벌레(*Viteus vitifolii* Fitch)

뿌리형의 성충은 알 모양으로 암황색이며 때로는 약간의 녹색을 띤다. 날개형(잎에 피해를 주는 형태)의 성충은 황색이나 황갈색을 띤다. 날개형은 뿌리형과 다르게 가슴 및 배의 등면에 흑색의 융기가 있다. 약충과 성충 모두 포도나무의 뿌리와 잎에서 즙액을 빨아 먹는데 피해 나무는 생육이 떨어지고 심하면 나무 전체가 말라 죽는다.

발생 생태는 매우 복잡하여 2가지 형태를 취한다. 제1형은 월동 알에서 부화한 약충이 새잎으로 가서 날개를 만들며, 성숙한 다음에는 단위 생식으로 다수의 알을 낳는다. 알에서 깨어난 약충의 일부는 뿌리로 이동하여 뿌리형이 되고, 대부분의 약충은 날개가 없는 암컷이 되어 교미 후 나무껍질 틈에 알을 낳는다. 제2형은 뿌리에서 월동한 약충이 이듬해 봄에 성충이 되며 단위 생식에 의해 알을 낳고 6~9세대를 되풀이한 다음 약충으로 겨울을 난다. 방제법으로는 뿌리혹벌레가 감염되지 않은 건전한 묘목을 심거나 저항성 대목을 이용한다. 뿌리에 발생이 확인되면 입제를 살포하거나 약제를 관주 처리한다.

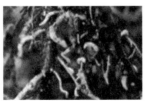

〈그림 12-6〉 포도뿌리혹벌레 성충(좌), 피해 뿌리(중), 피해 잎(우)

07. 가루깍지벌레(*Pseudococcus comstocki* Kuwana)

다른 깍지벌레와 달리 깍지가 없고 약충과 성충이 자유롭게 이동한다. 암컷 성충의 몸길이가 3~5mm이며 날개가 없다. 몸은 황갈색이지만 흰가루로 덮여 있다. 수컷 성충은 한 쌍의 투명한 날개를 가지고 있다. 약충과 성충이 잎, 가지, 송이를 가해하며 송이 속으로 들어가 흡즙하고 배설물로 인해 그을음병이 유발된다.

알 덩어리로 거친 껍질 밑에서 월동하며 연 3회 발생한다. 월동 알은 4월 하순~5월 상순경에 부화한다. 1세대 성충은 6월 하순, 2세대는 8월 상중순, 3세대는 9월 하순경에 발생하고 3세대 성충이 월동 알을 낳는다. 방제 적기는 비가림 재배 기준으로 월동 알이 부화하는 5월 상순, 2세대 약충 발생기인 7월 상순, 3세대 약충 발생기인 8월 하순경이다. 피해가 확인된 포도원은 겨울철에 거친 껍질을 제거하여 불에 태우고 방제 적기에 등록 약제를 줄기에 충분히 묻도록 살포한다.

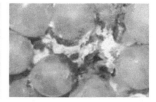

〈그림 12-7〉 가루깍지벌레 월동 알 덩어리(좌), 성충(중), 피해 과실(우)

08. 포도호랑하늘소(*Xylotrechus pyrrhoderus* Bates)

성충은 11~15mm의 작은 하늘소로 몸은 검은색이다. 머리는 적갈색이며 날개에 3개의 노란 띠가 있다. 유충은 13~17mm 정도로 머리 부분이 뭉뚝하며 황백색이다. 유충이 줄기에 있는 눈 부분으로 뚫고 들어가 목질부를 가해한다. 피해 받은 줄기 윗부분이 말라 죽으며 5월경 가해 부위에 수액이 흘러나와 초기 발생을 확인할 수 있다. 피해를 입은 가지의 껍질은 검은색으로 변하며 피해가 진전되면 바람 등에 의해 피해 부위가 꺾인다.

1년에 1회 발생하고 피해 가지 속에서 어린 유충으로 겨울을 난다. 4월 상순부터 유충이 활동하며 줄기의 내부로 먹어 들어간다. 줄기 속에서 번데기가 되며 7월 하순경부터 성충이 발생하기 시작한다. 성충은 대부분 인편의 틈새에 알을 낳으며 알은 약 5일 후에 부화한다. 이후 눈을 통해 표피 밑의 목질부에 얕게 먹어 들어가 형성층을 먹다가 3mm 정도 크기의 유충으로 월동에 들어간다. 방제를 위해 생육기 중에 피해를 받아 잎이 마르는 가지를 발견하면 제거하여 태우고 성충의 최대 발생기인 8월 하순~9월 상순에 등록 약제를 살포한다.

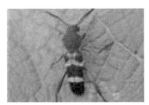  

〈그림 12-8〉 포도호랑하늘소 성충(좌), 유충(중), 피해 줄기(우)

09. 포도유리나방(*Nokona regalis* Butler)

성충은 언뜻 보기에 벌과 비슷하게 보인다. 몸은 검은색이고 머리, 목, 가슴의 양쪽에 노란 반점이 있으며 배끝 몇 마디에 노란색의 띠가 있다. 유충은 엷은 노란색 내지 붉은 자주색이며 온몸에 가는 털이 나있다. 번데기는 18mm 정도이고 배 마디의 등 쪽에 가시털이 있고 갈색이다. 유충이 새 가지 속을 파고 먹어 들어가며, 유충이 들어 있는 부분의 줄기는 볼록하게 부푼다. 유충이 파먹어 들어가면 새로 나온 가지 끝이 시들시들 말라 죽는다.

1년에 1회 발생하고 피해가지 속에서 유충으로 겨울을 난다. 4월 하순~5월 상순에 번데기가 되고 5월 중순~6월 상순에 성충이 된다. 새 가지의 잎맥에 하나씩 알을 낳고, 부화한 유충은 속으로 파고 들어간다. 유충이 들어간 구멍은 자주색으로 변하고 배설물이 배출된다. 피해 가지는 방추형의 혹으로 변하므로 가지치기할 때 쉽게 발견할 수 있다. 방제를 위해 겨울철에 가지치기 할 때 유충이 들어 있어 혹이 생긴 가지를 제거한다. 성충이 낳은 알이 부화하는 6월 상중순에 약제를 살포하고 6~7월에 잎이 말라 죽거나 배설물이 배출된 새 가지를 찾아 제거한다.

〈그림 12-9〉 포도유리나방 성충(좌), 피해 줄기(중), 유충(우)

10. 큰유리나방(*Glossosphecia romanovi Leech*)

성충은 길이가 45~48mm 정도이며 말벌과 비슷하다. 늙은 유충의 길이가 38~
43mm 정도로 크고 머리는 어두운 갈색이다. 어린 유충은 유백색이지만 자라면서
핑크색으로 변한다. 번데기 크기는 20~21mm 정도이며 몸 색은 갈색이다. 유충이
포도나무의 원줄기와 원가지 속으로 들어가 형성층을 갉아먹는다. 피해 나무는 자
람새를 크게 떨어뜨리고 심하면 나무 전체가 말라 죽는다. 피해 양상은 박쥐나방과
비슷하여 오인하기 쉽다.

1년에 1회 발생하며 늙은 유충으로 땅 속에서 겨울을 난다. 성충은 6월 상순부터
7월 하순까지 약 2개월 동안 발생한다. 성충의 발생 최성기는 6월 하순부터 7월
상순이다. 유충이 줄기 속으로 들어가 가해한다. 늙은 유충이 땅속에서 아몬드 모
양의 고치를 짓고 월동에 들어간다. 방제를 위해 알이 부화하는 6월 하순~7월 상
순에 약제를 줄기에 충분히 묻도록 살포한다. 줄기가 피해를 받으면 다량의 배설물
이 배출되므로 이 부분을 칼, 가위 등으로 파헤쳐 유충을 포살한다.

〈그림 12-10〉 큰유리나방 성충(좌), 피해 줄기(중), 유충(우)

11. 포도들명나방(*Herpetogramma luctuosalis* Bremer)

성충은 짙은 황색으로 크기는 26mm 정도이다. 유충은 담녹색으로 행동이 매우 민첩하고 늙은 유충은 20mm 정도이다. 유충이 잎을 단단히 말아서 철하고 그 속에서 서식하면서 잎을 갉아 먹는다. 말린 잎 속에서 섭식하면서 배설하므로 검은 배설물이 남는다.

1년에 2~3회 발생하고 늙은 유충으로 피해낙엽에서 겨울을 난다. 성충은 6월부터 9월까지 발생하는데, 1차 발생 최성기는 6월 중순경이며, 2차 발생 최성기는 9월 중순경이다. 시설 포도원이나 산간지에 조성된 포도원에 발생이 많다. 방제 적기는 1세대 성충이 낳은 알이 부화하는 6월 중하순경이다. 피해가 심하면 수확 후에 약제를 살포하여 월동 유충의 밀도를 낮추는 것이 바람직하다.

  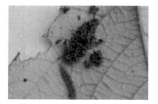

〈그림 12-11〉 포도들명나방 성충(좌), 피해 잎(중), 유충(우)

12. 포도녹응애(*Calepitrimerus vitis*)

성충의 몸길이가 약 0.15~0.17mm, 폭은 0.05mm 정도로 매우 작다. 몸은 쐐기 모양으로 머리 쪽이 넓고 뒤쪽이 가늘며 색깔은 담황색이다. 약충은 담황백색으로 성충과 모양이 같다. 알은 편구형(기울어진 공 모양)으로 담황녹색이며 직경은 0.03mm 정도이다. 피해를 입으면 꽃송이의 생장이 느려지고 꽃이 정상적으로 피지 못한다. 심하면 열매가 달리지 않아 생산량도 크게 떨어질 수 있다. 잎의 끝이 말리고 주름지는 현상이 나타나며 가장자리가 갈색으로 변한다.

포도나무 껍질의 틈이나 가지의 눈 속에서 무리지어 겨울을 난다. 초봄에 새잎이 나올 때부터 활동한다. 알에서 성충까지 기간이 25.0℃에서 약 8일이 소요된다. 성충은 약 14일 정도 생존하며 1마리가 20개 정도의 알을 낳는다. 방제를 위해 녹응애가 외부에 많이 노출되는 시기인 꽃송이 발생 직전에 약제를 살포한다. 가지의 눈으로 이동하는 8월 하순~9월 상순에 약제를 살포한다.

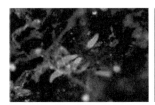  

〈그림 12-12〉 포도녹응애 성충(좌), 피해 송이(중), 피해 잎(우)

13. 기타 응애류(Spider mites)

포도에 발생하는 기타 응애류는 점박이응애, 차응애, 차먼지응애 등이 있다. 잎에 응애가 대발생하면 엽록소가 파괴되어 광합성 능력이 떨어진다. 피해가 심하면 포도알 비대와 착색이 불량해진다. 차먼지응애는 새 가지 생육 불량, 잎 뒷면 코르크화, 잎 기형 등을 유발한다. 노지 재배보다 비가림 재배와 시설 재배할 때 피해가 심하다. 고온 건조한 곳에 심은 나무에 발생이 많다. 점박이응애는 성충으로 거친 껍질 밑에서 겨울을 난다. 5월 중순경부터 발생이 증가하여 연 8~10세대를 경과한다. 방제를 위해 생육 초기부터 잘 살펴 발생이 확인되면 즉시 약제를 살포 한다. 응애는 번식 속도가 빠르고 연간 발생 세대 수도 많아 약제 저항성이 쉽게 형성되므로 동일한 약제를 연속 사용하지 않도록 한다.

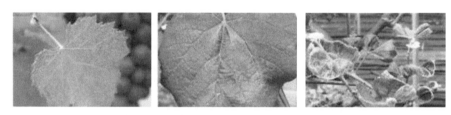

〈그림 12-13〉 점박이응애 피해(좌), 차응애 피해(중), 차먼지응애 피해(우)

MEMO

13

포도는 수확 후에도 살아있는 유기체로 생존에 필요한 에너지를 얻기 위하여 축적된 양분을 호흡을 통해 분해하는 대사를 계속한다. 동시에 보유하고 있던 수분을 증산 작용으로 배출함에 따라 시들음이 발생하여 품질이 저하된다. 저장 및 유통과정 중에는 압상이나 눌림 등에 의한 열과 부위를 통하여 부패균의 오염이 쉽게 확산되며, 저장 기간의 경과에 따라 탈립이 되는 문제점이 있다. 이러한 품질 저하를 최소화 할 수 있는 저장 및 유통 방법의 도입이 시급하다. 또한 저장 및 유통 중 품질 변화를 예측할 수 있는 시스템의 도입도 필요하다.

포도는 비호흡 급등형 과실, 즉 수확 후 호흡이 급격히 증가하는 현상이 나타나지 않고 에틸렌 발생이 미미(일반적으로 $0.1\mu l/kg/hr$ 이하)하며, 수확 후 저장 및 유통단계에서 과실이 성숙되는 현상이 적은 과실로 분류된다. 포도의 저장성은 품종에 따라 차이가 있으며, 국내에서 많이 재배되는 '캠벨얼리'의 경우 기존에는 한 달 이상 장기 저장이 어려웠지만 예냉, MAP, 이산화염소 또는 유황패드 처리 등 부패 방지 기술의 도입, 저온 저장 및 저온 유통으로 부패균 억제, 탈립 억제, 시들음 감소 등 효과적인 수확 후 관리 기술을 적용할 경우 2~3개월 동안 신선하게 유지할 수 있다.

01. 수확 후 관리 기술

가. 전처리

① 예냉

포도는 수확 후 급격한 수분 손실을 보여 열매꼭지와 열매자루가 갈색으로 마르고 포도알은 위축 증상을 보이며 저장 기간이 길어지면 탈립 현상이 나타난다. 따라서 포도는 수확 후 가능한 한 빠른 시간 내에 온도를 낮추어 주어야 한다.

수확하여 적정 온도(4~5℃)로 예냉하며 예냉 상자를 이용할 경우 강제 통풍식으로 4~6시간 또는 차압 통풍식으로 1~2시간 예냉 시 과실 품온이 30℃에서 4~5℃로 떨어지는 것이 적합하다. 강제 통풍식은 저장고 용적의 70%, 차압 통풍식은 공기 흡입구 용적에 맞춘다. 예냉 후 과실 품온과 작업장의 온도 편차가 7~10℃(상대습도 60~70%일 때)를 넘지 않도록 관리하는 것이 중요하다.

포도 표면에 물방울이 있을 경우 회색곰팡이균(Borytris cinerea)에 의해 부패가 발생하므로 주로 강제 통풍 냉각 방식을 이용한다. 수확 후 바로 시장에 상온으로 출하할 경우에는 예냉 설정 온도를 높여서 외기와 온도차가 10℃ 이상 차이나지 않도록 조절해야 출하 시 과립에 결로 현상이 생기지 않는다.

예냉 뒤 상온에 노출 시 결로 현상으로 인한 상품성 손상 위험이 발생하므로 온도 유지 및 온도 관리가 중요하다. 결로 형성(물방울 맺힘)은 대기 중 상대 습도에 따

〈그림 13-1〉 강제 통풍식(좌)과 차압예냉(우)

라 차이가 있지만, 대기 상대 습도가 60~70%인 경우 외부와의 온도 차이가 10~15℃를 넘게 되면 결로가 발생하므로 예냉이나 저장 이후 품온이 낮아진 상태에서 바로 상온에 노출되지 않도록 주의한다.

② 부패 방지를 위한 처리 : 아황산가스 또는 이산화염소

수확 후 포도 과립의 품온을 낮추어 호흡 속도를 늦추고 병원균의 확산을 막는 방법과 더불어 대표적인 부패 방지 방법으로 아황산가스나 이산화염소를 처리하는 방법이 있다. 두 방법 모두 처리 후 직접 흡입 시 호흡기 등에 유해할 수 있으므로 처리 후에는 환기 및 제거 장비(대형 선풍기 등)를 이용하여 제거한 후 작업에 들어가야 한다.

(가) 아황산가스 처리 방법
- SO_2 가스를 이용한 flow system 활용 : 장비 및 가스 가격이 높다.
- SO_2 가스의 지속적인 발생제 이용 : 포장 내에 발생제를 넣어 유통 및 저장하는 방법으로 주로 sodium bisulfite를 사용하며, 이 화학물질이 저장 중 수분과 만나 SO_2 가스를 발생시킨다. 패드 상태로 개발되어 있어 사용하기에 매우 편리하다.
- 유황을 직접 태워서 SO_2 가스를 발생시키는 방법 : 5~10g/m^3
- Sulfite의 잔류 허용치(미국) : 10ppm 이하로 규정(국내 식품첨가물 규정 : 30ppm 이하)
- Sulfite의 반감기 : 3~4시간이면 1/2 수준, 12시간 경과 시 1/4 수준이다.

아황산가스 처리에 따른 문제점
과다 처리 시 과피 탈색, 줄기의 갈변, 수분 감소, 이취 등 품질 변화가 나타날 수 있고 황화합물 잔류량이 있을 수 있으므로 적정 처리 농도를 준수해야 함

〈표 13-1〉 '켐벨얼리' 품종의 유황훈증 처리에 의한 부패율 경감 및 SO₂ 잔류량

처리	부패율(%)			SO₂ 잔류량(mg/kg 생체중)		
	저장 4주	저장 6주	저장 8주	처리직후	저장 2주	저장 4주
무처리	5.0	7.5	10.0	1.10	기존	기존
유황훈증(10g/m³)	0.0	0.5	1.8	2.09	1.68	1.12

(나) 수출 포도 운송 중 부패 방지를 위한 유황패드 사용방법

• 수출 포도 유황패드 사용방법 : 상자에 플라스틱 필름(미세유공비닐)을 넣고 바닥에 흡습지를 깐 다음 포도과실을 넣는다. 또 다른 흡습지와 유황패드(Sodium metabisulphate)로 포도를 덮은 후 플라스틱 필름(미세유공비닐)으로 마무리 한다.

〈그림 13-2〉 수출 포도 유황패드 처리 모습

〈그림 13-3〉 '샤인머스캣' 유황패드 처리 효과(저장 3개월, 무처리(좌) 처리(우))

(다) 이산화탄소

- 설비 : NaClO₂ 25% 용액을 전기 분해 또는 ClO⁻를 고형화하여 물에 용해시켜 ClO₂를 발생하는 발생 장치가 국내에 개발되어 있다.

- 처리 조건 : 2ppm의 ClO₂를 15분 처리 후 30분 유지한다.

- 처리 시기 : 포도 수확 후 저온저장고에 반입한 직후 또는 수출 전 선별 후부터 선적 전까지 처리 가능하다.

- 잔류성 문제 : 햇볕에 노출 시 1~2분 이내에 Cl₂와 O₂로 분해되기 때문에 안전하며 어두운 곳에서는 수일 경과 시 분해된다.

〈그림 13-4〉 포도 부패 방지를 위한 유황패드(좌) 및 이산화염소 처리(우)

〈그림 13-5〉 수확 후 55일째 부패 방지 모습

이산화염소 처리에 따른 문제점

과다 농도로 처리 시 과피 조직이 약해지면서 과육 내부의 용액이 밖으로 빠져나와 과즙이 미세하게 흐르는 증상이 있으므로 농도 및 처리 시간을 준수해야 함

〈그림 13–6〉 포도 부패 방지를 위한 유황 처리 시 탈색 및 이산화염소 처리 시 조직 약화

③ 탈립 억제를 위한 처리

과숙한 포도는 탈립의 우려가 높다. 특히 '거봉'과 '캠벨얼리'는 수확 후 저장 및 유통 중 탈립 발생률이 높다. 에틸렌은 탈리층의 형성을 촉진하여 포도 과립이 생리적으로 떨어지도록 작용한다. 송이축의 시들음 및 경화에 의해 탈립이 일어날 수도 있다. 방지 방법으로는 칼슘 또는 영양물질 처리, 아황산가스나 이산화염소 가스 처리, 에틸렌을 제거하는 방법 등이 있다.

(가) 칼슘 처리 : 5% $CaCl_2$ 용액을 15일 간격으로 분무하여 탈리층의 발달을 저해한다. 칼슘은 세포벽의 구성 성분인 펙틴과 결합하여 세포벽을 견고하게 하고 탈립을 억제한다.

(나) 아황산가스, 이산화염소 처리 : 부패 방지와 더불어 복합적인 요인에 의해 탈립이 억제된다

(다) 영양물질 처리 : 설탕용액을 함유한 팁을 제작하여 포도 과경에 처리함으로써 과경의 건조 방지 및 영양원을 공급하여 탈립을 방지하는 방법이다.

02. 포장

수확한 포도는 상품 기준에 따라 선별 작업을 하는 동시에 송이별로 종이에 싼 후 상자에 담는다. 포장 종이는 상품의 격을 높이기 위해 흰색의 유산지를 사용하는데 재배 시 사용한 과방 봉지를 그대로 이용하기도 한다. 송이별 종이 포장은 외관의 향상은 물론 수송 중 진동을 흡수하여 압상과 탈립을 줄이는 완충제 역할을 한다. 시장 출하는 2kg, 5kg, 10kg 단위로 유통되고 있으며, 포장 상자는 크게 골판지 상자와 드물게 스티로폼 상자로 구분된다. 골판지 상자는 윗면을 덮어 밀폐하는 대신 옆면에 환기용 구멍을 뚫어 여름철 유통 과정 중 상자 내 온도 상승에 의한 품질 저하를 방지하고 있다. 외국의 경우 완충형 주름 종이 상자나 투명 필름 부착형 종이 상자 등 포장 단위에 따라 다양한 소재를 이용한다. 국내에서도 선물용 상자들은 점차 다양해져서 거봉 품종의 경우 2kg, 5kg 작은 단위로 유통되며 포장 용기도 골판지 상자 등 여러 가지 소재가 사용된다.

포장 박스에는 품목, 품종명, 산지, 등급, 크기 구분, 생산자 성명, 생산자 주소, 전화번호, 중량이 기록되어야 하며 당도 표기는 2009년부터 권장사항으로 변경되어 의무적으로 기입할 필요는 없다.

03. 포도의 저장 방법

포도의 최적 저장 조건은 포도가 얼지 않는 한 가장 낮은 온도에서 보관하는 것이다. 포도 과립은 −2℃에서도 얼지 않으나 과경, 과방경, 당 함량이 낮은 과립은 때로 경미한 동해를 입을 우려가 있다. 주의해야 할 사항은 저장고 내부의 위치에 따라 온습도 차이가 발생한다. 또한 저장고 내부의 실제 온도와 온도 센서를 통하여 전달되는 컨트롤 판넬(control panel)의 온도 조절 장치 간에도 편차가 존재한다는 것이다. 이러한 편차를 고려하여 저장고 온도는 일반적으로 0℃, 상대 습도는 과실의 수분 손실이 없도록 85~90%를 권장하고 있으나 과습하면 병 발생이 증가할 수 있으므로 주의한다.

저장고의 조건으로는 저장고 내부의 위치별 온도 편차가 ±1℃ 이내로 유지되며 밀폐도가 높은 저장고가 온도와 습도 유지에 좋다.

적재 시에는 저장고 바닥에 팰릿을 깔고 중앙 통로 및 측면에 공간을 확보하여 냉기의 흐름을 원활하게 하며, 저장고 내 냉각기 높이 이하로 적재한다. 가장 윗 상자는 냉각기의 찬바람에 노출되므로 코팅 종이 또는 PE 필름으로 덮는다. 장기 저장에는 주기적인 품질 확인이 필요하고 에틸렌 축적을 피하기 위해 환기가 필요하다. 포도는 적은 양의 에틸렌이 축적되어도 과실의 경도가 약해지므로 쉽게 회색곰팡이균(Borytris cinerea) 등의 병균 발생이 급격히 증가할 수 있으므로 주의해야 한다.

포도는 수분 손실에 의해 시들음이 발생하면서 동시에 열과와 탈립도 진행되므로 저장고 내 송풍 속도를 낮추어 주거나 유공 PE 0.03mm 필름으로 속포장하여 저장 또는 팔레트 단위로 유공이 있는 필름을 덮어 놓는 것이 좋다.

포도는 특성상 당이 많고 열과가 잘 발생하므로 병균이 쉽게 번식하여 저장에 큰 어려움이 있다. 반드시 철저하게 선별을 하고 열과된 과실은 저장하지 않는 것이 필수적이다. 저장 시 발생하는 곰팡이병 억제를 위해 수확 직후 이산화염소 훈증으로 재배지에서부터 감염된 오염원을 제거하고, 이후 오존 및 UV 발생 장치를 설치하는 것도 곰팡이에 의한 부패 방지뿐만 아니라 에틸렌 제거에도 효과적이다. 그러나 이산화염소, 오존, UV 등은 작업자의 건강에 나쁜 영향을 줄 수 있으므로 처리 시에는 반드시 관련 사항을 준수하고 작업할 때는 안전 수칙을 준수해야 한다.

〈표 13-2〉 저장 온도에 따른 '캠벨얼리'의 호흡량 및 에틸렌 발생량

온도	호흡량(mL/kg/hr)		에틸렌 발생량(nL/g/hr)	
	수확 후 5일	10일	수확 후 5일	10일
20±℃	13.9	13.5	흔적	흔적
0~2℃	5.6	5.5	−	−

온도와 습도 조절 이외에도 대기 중의 공기 조성을 인위적으로 변화시켜 호흡을 억제함으로 품질을 유지하는 CA(contolled atmosphere) 저장은 산소 농도 2~5%+이산화탄소 1~3%로 조절하는 것이 선도 유지 연장에 효과적이다. 또한 이산화탄소 농도가 15% 이상이 되면 갈색화 현상이 나타난다는 보고가 있으므로 주의한다.

04. 출하 및 유통

가. 출하

포도는 고온기 출하 시 신선도가 저하되므로 온도가 낮은 시간대에 출하하는 것이 바람직하다. 또한 진동의 발생을 최소화 하도록 적재 후 빈 공간에 완충 공기 주머니를 넣는 등 적절한 조치를 취한다. 적재 층수는 포장 박스의 단단함에 따라 달라지나 보통 8~10층 정도를 적재한다.

수출 시에는 습기가 잘 스며들지 않는 포장재로 만든 상자를 이용하여 수출용 컨테이너 내부의 습도에 잘 견디도록 해야 한다.

장기간 운송 시에 발생하는 곰팡이병을 억제하기 위해서는 포장 박스별 또는 판매용 소포장 용기별로 내부에 유황패드를 투입하여 일정한 농도의 아황산가스가 지속적으로 발생하도록 한다.

나. 수송

수송은 상온 수송과 저온 수송으로 구분할 수 있다. 수송 중 진동, 충격, 압축 등 물리적 장해를 줄이기 위한 안전한 운반 방법과 지속적인 저온 유지 관리가 중요하며 저온 수송 온도는 4~5℃ , 상대 습도는 95~100% 적합하다. 수출을 위해 장기간 운송 시에는 0℃로 선박용 컨테이너 내부 온도를 맞추는 것이 좋다. 결로 방지를 위해 공판장 내 온도를 고려하여 10~15℃ 편차 범위 내에서 수송하거나 저온 수송 시 하차 전 중간 온도 변경 설정이 필요하다.

05. 원거리 해외 수출 시 수확 후 관리 사례 (한국→싱가폴)

싱가폴, 괌, 홍콩 등 동남아시아 지역과 미국, 캐나다 등 북미 지역에 수출되는 포도를 일본에서 수출하는 포도와 비교하면 일본산 포도가 고급 마켓에서 고가로 판매되고 있는 것을 볼 수 있다. 일본산 포도는 다른 나라의 포도와는 별도의 매대에 진열되어 있으며 진열 및 포장이 상대적으로 깔끔하게 되어 있다. 포장 단위도 다른 나라의 포도가 주로 송이 단위로 포장하여 판매되고 있지만, 일본산 포도는 다양한 용기와 소포장재를 이용하여 차별화된 모습을 보인다. 비행기로 운송된 포도에는 'By Air' 표기를 해서 운송기간이 짧고 더 신선하다는 것을 소비자들에게 알려주고 있다. 국내산 거봉은 전체적으로 송이 전체가 시들어 있고 탈립이 심하며 열과가 발생한 부분에 부패가 진전된 것을 종종 볼 수 있다.

소비지에서의 품질 차이는 수확 직후부터 어떻게 관리하느냐에 따라 달라지며 이는 현지 소비자의 기호도에 영향을 미친다.

국립원예특작과학원에서는 2007년부터 2009년까지 포도 시들음, 탈립 및 부패 억제 기술을 개발하여 싱가폴과 괌 수출에 적용하며 선노유지 효과를 확인하였다. 수출국의 다변화를 위해서는 원거리 수출 시 운송과 유통기간을 고려한 선도 유지기간 확보가 필수적이다. 수출국까지는 최대 12~15일 정도의 선박 운송 기간이 소요되며, 이때 곰팡이에 의한 부패 진전, 탈립 및 중량 감소에 의한 시들음이 문제가 되고 있다. 이를 억제하기 위한 수확 후 관리 기술이 단계적으로 적용되는데, 먼저 수확 직후 포장에서 감염된 오염균을 줄이기 위해 2ppm의 이산화염소를 15분 처리한 후 30분간 방치하여 살균 효과를 높였다. 필요한 경우 선별 및 포장을 완료한 후 이산화염소를 처리하는 것도 가능하다. 다음으로 시들음 방지 및 운송 중 온도 편차 발생 시 결로 발생 완화를 목적으로 2% 유공 PE 0.03mm 필름으로 포장 상자 단위로 속포장한다. 이때 유공 지름은 작을수록 좋고 간격은 전체 포장 필름 면적당 2%의 유공 면적이 되도록 배치하는데 1×1cm의 간격으로 천공되어 있는 필름을 사용한다. 2% 유공 PE 0.03mm

속포장은 수확 후 증산 및 호흡 억제로 시들음을 방지하고 탄력성을 유지하기 위해 필수적으로 적용해야 한다. 포장 시 산소와 이산화탄소의 투기는 자유롭게 이루어지면서 습도 조절이 일부 가능하므로 이취 발생의 위험성이 적으며 시들음을 억제할 수 있다. 수확 후 처리 단계별로 온도 설정은 저장 시 0℃→이산화염소 처리 시 15℃→선별, MAP 포장, 하역 시 10~15℃→선박 운송 시 0℃로 관리한다. 이 방법 적용 시 수확 후 2~3개월간 신선하게 저장 및 유통이 가능하며, 원거리 지역으로 수출국 다변화 시 품질 경쟁력을 가질 수 있게 된다. 또한 수확기가 짧은 포도의 장기 저장으로 홍수 출하를 조절하여 물량 확보에도 도움을 줄 것으로 보인다.

매장 내 판매대의 온도도 유통기한을 결정하는 중요한 요소이다. 싱가폴과 캐나다 마트는 진열대의 온도를 5구획으로 나누어 작물의 저장 특성에 적합한 곳에 배치한다. 싱가폴의 포도 매장은 저장 온도와 동일한 0℃로 관리되고 있었다.

❶ 적숙기 수확(사진출처 : 수확 후 관리 매뉴얼, 농협)

❷ 고습 유지 저온저장 (0℃, 90% 이상 습도)

❸ 이산화염소 처리 (2ppm, 15분 처리, 30분 노출)

❹ 저온 선별 (선별장 온도 : 10~14℃)

❺ 소포장 시 유황패드 넣기

❻ 소포장 및 MAP 포장 (2% 유공 PE 0.03mm)

❼ 선박 컨테이너 적재, 완충재로 빈 공간 채우기 (내부온도 0℃ 습도 100%)

❽ 상하차 시 외기노출 없도록 공기 교환 완충 dock시설

❾ 검역, 운송

❿ 현지 판매시 품질관리
(A: 현지 판매대 모습(좌), B: 판매시 저온 관리(0℃), C: 판매대 온도 기록 일지)

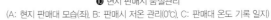

※ 참고문헌 : 포도 수확후관리기술 매뉴얼. 농협, 농림부

〈그림 13-7〉 포도수출 주요단계

14

제14장
가공 기술

01. 국내 가공 현황

가. 과종별 가공 제품 생산 현황

국내에서 생산되고 있는 과실의 가장 일반적인 가공 형태는 주스나 음료, 넥타, 즙청이지만 과종에 따라서 다소 차이가 있다. 사과나 배는 주스나 음료 생산량이 비교적 많고, 감은 곶감과 식초로 제조하는 것이 대부분을 차지하고 있다. 음료류 이외 가공 품목에는 술이나 잼의 가공 비율이 높은데, 머루나 오디는 술의 가공비율이 매우 높으며 복숭아와 유자는 잼의 가공 비율이 높은 편이다.

포도는 다른 과종에 비하여 다양한 가공품으로 제조되고 있다. 연간 포도의 가공량은 2018년 현재 3,925톤으로, 그중에 1,549톤(포도 총 가공량의 39.5%)은 주스(순과즙량 95% 이상인 천연 과즙)로, 음료는 848톤(21.6%)을, 포도주는 466톤(11.8%)을 가공용으로 사용하였다.

나. 생산 연도 및 제품 유형별 포도 가공 현황

포도로 만들 수 있는 것 중에 대표적인 것이 주스, 포도주이며 기타 잼, 통조림, 건포도 등이 있다. 주스는 순수 과즙량 95% 이상인 천연 과즙을 말하는데 2003년 5,109톤으로 최고조에 달했으며 매년 가공량은 생산에 영향을 받아 큰 편차를 보인다.

〈표 14-1〉 과종별 가공제품 생산현황('20년)

(단위 : 톤)

과종	건조	넥타	분말차	술	식초	음료	조미	주스	즙청	잼	통조림	기타	합계
감	3,296	0	0	5	1,264	0	0	0	0	0	0	422	4,992
감귤	84	26,866	7	62	0	1,692	0	25,740	66	125	0	354	54,997
단감	2	0	0	0	278	0	0	8	0	0	0	0	288
망고	2	0	0	0	0	0	0	0	0	286			288
매실	0	3	6	67	3	1,550	63	34	107	1	4	6	1,843
머루	0	0	0	288	0	50	0	120	4	10	0	0	472
무화과	65	0	1	0	2	0	0	13	2	73	0	0	156
배	135	0	200	0	0	328	3	1,578	1,677	0	1	151	4,273
복분자	0	0	0	70	1	124	0	1	22	4	0	10	232
복숭아	0	0	0	0	1	75	0	30	19	1,189	324	0	1,637
블루베리	3	281	0	10	1	23	0	76	21	24	0	0	438
사과	110	200	0	605	31	3,156	51	45,272	856	276	314	120	50,999
살구	0	0	0	0	0	0	0	4	0	10	0	0	14
아로니아	5	0	211	0	3	83	0	133	52	1	0	2	490
오디	0	0	0	185	26	62	0	7	21	17	0	0	318
오미자	0	0	0	8	0	73	0	6	217	0	0	6	309
유자	1	697	583	1	0	626	0	0	6,916	2	0	30	8,856
참다래	0	22	2	336	0	233	18	550	2	1,530	9	372	3,074
파인애플	9	0	2	0	1	6,528	1	0	0	103	0	0	6,642
포도	0	0	0	466	3	848	0	1,549	309	732	2	15	3,925
기타	546	279	12	20	44	19,632	711	586	3,010	3,456	0	6,073	34,369
합계	4,258	28,348	1,024	2,123	1,658	35,083	847	75,707	13,301	7,839	654	7,537	178,612

〈표 14-2〉 생산 연도 및 제품 유형별 포도 가공 현황

(단위 : 톤)

구분	'10년	'11년	'12년	'13년	'14년	'15년	'16년	'17년	'18년
넥타	230	71	506	220	39	15	7	0	0
술	785	679	742	867	874	906	575	520	466
식초	58	8	0	0	15	36	4	5	3
음료	635	612	358	150	520	1,331	1,148	852	848
조미	0	0	9	11	29	23	25	0	0
주스	5,541	4,227	4,014	3,611	3,710	4,289	2,685	1,391	1,549
즙청	90	71	723	538	741	197	127	223	309
잼	440	515	363	297	542	496	414	517	732
통조림	555	260	187	87	227	91	51	2	2
기타	434	0	33	26	81	0	499	447	15
합계	8,768	6,443	6,935	5,807	6,778	7,384	5,535	3,957	3,925

최근 몇 년간 포도의 가공량은 감소하는 편인데 주로 주스나 넥타 통조림의 가공량이 급격히 줄어든 것에 크게 영향을 받았으며, 술이나 음료 잼의 가공량은 연차별로 다소 변화는 있으나 비교적 안정적인 가공량을 보이는 편이다.

포도주용으로 사용되는 것은 2010년부터 2015년까지 점차적으로 증가하다가 2015년도 이후 감소하고 있으며, 2018년도에는 466톤을 가공용으로 사용하였다. 현재 전국에 연매출 1억 이상 포도주 사업장은 지속적으로 증가하는 추세이며, 포도 주산지인 영천 지역과 영동 지역에서 소규모 와이너리가 2000년대에는 급격히 늘어났으나 최근 몇 년간 와이너리 수에는 큰 변동이 없으며 경영적인 측면에서 안정화되어 가고 있다. 이러한 점을 고려할 때, 향후 포도에 있어서 포도주 가공용 비율은 점점 더 높아질 것으로 생각되며, 품종에 있어서는 '캠벨얼리'보다는 'MBA'나 국내에서 재배 가능한 다른 양조용 품종의 재배 면적이 늘어날 것으로 전망된다.

다. 국산 포도주 제조 및 수입 현황

국내 포도주 제조량은 포도주 수입 개방에 의해 90년대 이후 줄어들다가, 2000년도에 들어서면서 조금씩 늘어나는 추세에 있으며 수입량도 늘고 있는 경향이다. 국내 포도 생산량의 대부분은 생과로 소비되고 있으며 일부가 포도주로 이용되고 있는 실정이다. 포도주 가공용으로 사용되는 품종으로는 '캠벨얼리', 'MBA', '개량머루' 등이 주로 이용되고 있으며, 국내 육성 및 도입 양조용 품종으로 시험 양조가 시도되고 있다. 지역별로는 충북 영동과 경북 영천이 많은 편이며 그 외 지역의 포도주 생산량은 미미한 실정이다. 국내 와인 소비량의 증가는 대부분 수입 와인에 의해 충당되고 있는데, 이것은 국내 와인 생산 기반이 없는 상태에서 와인의 소비량이 늘어남으로써 수입 와인이 그 자리를 차지한 것으로 생각된다. 2018년 현재 국내 와인 유통 물량의 약 80% 정도는 수입 와인이 차지하고 있는 실정이다.

02. 포도주 제조 기술

가. 원료

국산 원료의 경우 생산 시기가 8월에서 10월경으로 매우 짧아 특별히 저장 시설을
갖추지 않는다면 연중 가공 기간이 4개월 정도로 매우 짧다. 국산 원료(특히 머루)
의 경우 수매 가격이 높기 때문에 비싼 만큼 고도의 기술을 투입하여 고품질 명품
포도주를 생산하지 않으면 안 된다.

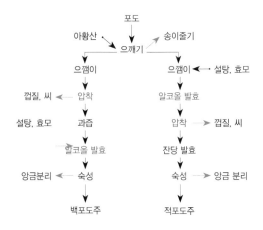

〈그림 14-1〉 백포도주 및 적포도주 제조 공정

〈그림 14-2〉 포도주용 원료 : '청수'(좌), '캠벨얼리'(중), '개량머루'(우)

나. 송이줄기 제거와 으깨기

공장 규모에서 포도 송이줄기 제거와 으깨기는 주로 한 공정에서 이루어지며, 소규모 가공 공장에서는 송이줄기 제거는 손으로 하되 으깨기는 기계로 하는 경우도 있다. 포도 줄기에도 많은 양의 폴리페놀이 함유되어 있으므로, 줄기의 제거 정도에 따라 다른 품질의 포도주가 생산되며 때로는 인위적으로 줄기를 넣어서 발효하는 경우도 있다. 파쇄·제경기의 크기는 각각의 포도주 양조장이 1일에 취급하는 포도의 양에 따라 달라지는데 큼직한 파쇄·제경기를 구입하는 것이 무난하다. 공장의 규모가 커질 경우, 파쇄·제경기 재구입 비용이 많이 소요되며 또한 한번에 들어오는 포도의 양은 해마다 다르기 때문에 여유 있는 용량의 기계를 구입하는 것이 좋다.

다. 아황산 처리

아황산의 처리 목적은 포도의 과피에 붙어 있는 잡균을 살균하고 포도 파쇄 시 용출되는 폴리페놀의 산화를 방지하는 데 있다. 처리 방법은, 식품첨가물용 메타중아황산칼륨(피로아황산칼륨, 메타카리, $K_2S_2O_5$)을 원료량에 대하여 미리 계산해 두었다가, 포도 파쇄 시 포도 100kg당 15~20g(아황산(SO_2) 75~100ppm 상당)을 골고루 섞어준다. 아황산을 처리하면 처리 초기에 과즙속에 함유되어 있는 아세트알데히드, 피루빈산 등과 결합하여 무독성 물질이 되며, 남아 있는 유리 아황산이 미생물에 대하여 살균 작용을 한다. 아황산 처리 후 효모는 최소 5시간 이후에 접종하는 것이 좋다. 너무 빨리 효모를 접종할 경우 효모가 아황산에 의해 활성을 잃을 수 있다. 아황산은 사람의 감각 기관을 자극하여 재채기나 숨막힘 같은 증상을 일으킬 뿐만 아니라 포도주의 향기나 맛을 손상시킬 수 있기 때문에 첨가량은 최소로 하는 것이 좋다.

라. 알코올 발효

① 과즙의 조정

과즙의 당도($°Bx$)에 0.55~0.57을 곱한 값이 최종 발효 후 알코올 농도가 되므로 12%(v/v)의 포도주를 생산하려면 21~23$°Bx$로 과즙의 당도를 맞추어 주어야 한다. 원하는 알코올 농도의 포도주를 제조하기 위한 가당량은 아래식에 의하여 계산한다.

$$가당량 = \frac{원하는\ 당도 - 과즙의\ 당도}{100 - 원하는\ 당도} \times (포도\ 무게 \times 0.8)$$

당 함량이 25$°Bx$ 이상이면 발효는 지연되고 휘발산류(초산)의 생성이 증가한다. 발효가 완료된 다음 산도는 적포도주의 경우 0.45~0.55%, 백포도주의 경우는 0.55~0.65% 정도라면 적당하다. 산도가 높을 경우 산도가 낮은 과즙을 희석하여 조정하거나 알코올 발효 종료 후 말로락틱 발효 방법으로 산도를 낮출수 있다. 포도주 저장 중에도 주석산이 다른 금속 이온과 결합하여 침전되기 때문에 산도가 조금 감소한다. pH는 3.5 이하가 적당하며 3.5 이상인 경우에는 아황산의 살균 효과가 떨어진다. pH를 낮출 경우는 주석산을 이용하는데, 과즙 100리터당 100g을 첨가할 경우 pH는 0.1 정도 낮아진다.

② 발효 탱크

주로 많이 사용하는 것은 스테인리스 스틸제 탱크로서 고가이기는 하나, 산이나 알코올에 대한 내구성이 강하기 때문에 장기적인 측면에서 보면 결코 비싼가격이 아니다. 발효조는 발효 기간이 짧기 때문에 다른 용기를 이용해도 상관없지만 저장 숙성용 용기는 장기간 사용해야 하므로 반드시 내구성이 강한 재질의 탱크를 이용하는 것이 좋다. 탱크의 용량은 큰 용량의 경우, 단위 용량당가격은 싼 편이지만 포도주를 저장할 경우 용기에 꽉 채우지 않으면 포도주가 산화되는 문제가 발생한다. 따라서 탱크류는 주로 사용하는 것 외에 소량의 탱크(0.5~3톤 정도)도 꼭 필요하다. 탱크의 높이와 직경비는 3:1이 적당하다.

③ 효모 접종

배양효모를 사용할 경우 관리하는 데 어려움이 많으므로 건조 효모를 이용하는 것이 편리하다. 건조 효모는 보통 500g 단위로 판매하며 4℃에 저장할 경우 1~2년간 사용이 가능하다. 건조 효모는 아황산에 내성이 있어 35~75mg/L의 아황산에서 발효가 무난히 진행된다. 사용 방법은 먼저 50%로 희석한 40℃ 500mL의 과즙에 150~200g의 건조 효모를 넣고 30분간 방치한 다음, 100리터의 과즙에 접종한다. 건조 효모를 오래 보관할수록 활성이 떨어지기 때문에, 개봉 후 1년 이상 경과된 건조 효모는 첨가량을 늘려 주어야 한다.

〈그림 14-3〉 건조 효모 활성화(왼쪽) 및 효모 접종(오른쪽)

④ 발효 온도 및 기타 관리

적포도주는 23~27℃ , 백포도주는 15~20℃가 적당하다. 발효 온도가 30℃를 넘을 경우, 향기 성분의 휘발이나 초산균과 같은 유해균의 번식으로 포도주의 품질이 급격이 저하되며, 효모의 활성도 떨어지기 때문에 발효가 제대로 이루어지지 않을 수 있다. 알코올 발효는 대량의 열을 발생하므로 알코올 발효 시 반드시 냉각시킬 필요가 있다.

$$C_6H_{12}O_6 \rightarrow C_2H_5OH + CO_2 + 56Kcal$$

100g	51.1g	48.9g

과즙의 당이 1% 소비될 경우 온도가 1.3℃ 올라간다. 우리나라에서 포도를 주로 생산하는 시기인 8~9월의 평균 외기 온도가 25~30℃인 것을 감안한다면 발효조의 냉각 대책을 반드시 세워야 한다. 발효조 외벽에 단열 처리를 하면 안 할 때보다 약 5배 정도의 냉각효과가 높아진다. 오크통을 사용할 경우, 오크통은 냉각이 어렵기 때문에 발효실 온도가 조절되어야 한다. 사용한 오크통은 세척을 하여 재사용할 수 있는데, 이때 사용하는 세척수는 구연산 0.8% 용액에 메타중아황산칼륨을 100리터당 50g 넣어서 사용하면 된다. 세척은 이 세척수를 3~5회(1개월마다 교환) 갈아주고 물로 여러 번 헹군 다음 사용하면 된다.

포도 과피를 함유한 적포도주의 발효에 있어서는 질소질이나 기타 영양 물질이 풍부하기 때문에 인위적인 발효영양제는 첨가해주지 않아도 발효가 잘 진행된다. 알코올 발효는 혐기성 발효로서 산소가 필요하지 않지만, 발효 초기 균체 증식기에 어느 정도 산소를 공급함으로써 효모의 생육을 촉진시키고 알코올 내성을 강화시킬 필요가 있다. 산소 공급은 하루 2회 정도 뒤집어 주는 것으로 충분하다.

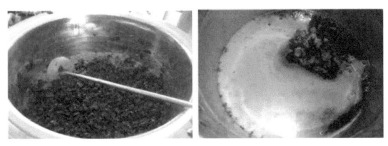

〈그림 14-4〉 포도주 발효 시 뒤집어 주기(왼쪽)과 압착 후 잔당 발효(오른쪽)

마. 압착과 잔당 발효

백포도주 제조에 있어서 포도 100kg에 대하여 60~70리터의 과즙을 얻을 수 있다. 적포도주 발효 시 안토시아닌과 폴리페놀의 추출 정도가 다른데, 안토시아닌은 발효 개시부터 약 5일까지는 증가하며 그 뒤로는 약간 감소한다. 총 페놀 양은 발효 10일 정도까지 증가한다. 따라서 적포도주 제조 시 떫은맛이 너무 강하면 전 발효 시간을 가능한 한 앞당겨 떫은맛이 강한 폴리페놀의 추출을 방지하여야만 하고, 떫은맛이 약하여 보디감이 적으면 전 발효를 오랫동안 하는 것이 좋다.

〈그림 14-5〉 포도 으깸이의 압착

바. 저장과 숙성

포도주의 저장과 숙성에 가장 많이 이용되고 있는 용기는 스테인리스 스틸제의 탱크로, 밀폐가 잘 된다면 발효에 사용된 탱크라도 무방하다. 오크통을 사용할 경우에는 먼저 어떤 포도주를 오크통에 넣어 어떤 제품의 포도주를 만들 것인가에 대해서 충분히 고려하여야 한다. 오크통에 넣는다고 해서 무조건 고급 포도주가 되는 것은 아니다. 경우에 따라서는 더 나빠질 수도 있다. 일반적으로 가벼운 포도주나 달콤함을 특징으로 하는 백포도주는 오크통에 숙성을 시켜도 향미가 개선되지 않지만, 페놀 함량이 많은 적포도주의 경우는 오크통 숙성에 의하여 한층 더 깊은 맛을 내는 포도주로 숙성이 진행된다.

사. 여과와 입병

백포도주의 경우, 여과 중에 주의해야 할 것은 포도주가 공기에 노출되므로 과도하게 산화되는 점이다. 따라서 질소를 사용하는 등의 노력이 필요하다. 폴리페놀 함량이 많은 적포도주는 숙성 시 어느 정도의 산소가 필요하므로 특별히 산화에는 신경을 쓰지 않아도 된다.

입병은 병에 포도주를 채우고 거기에 코르크 마개를 하고 상표를 붙이는 과정을 입병이라고 한다.

아. 포도주의 오염

포도주 제조 시 흔히 발생하는 오염균으로는 초산균, 산막효모, 유산균 등이 있다. 초산균이나 산막효모는 호기성균이기 때문에 발효나 저장 중에 공기가 자유로이 들어갈 경우 많이 발생한다. 방지 방법으로는 발효 시 온도를 27℃ 이상 되지 않게 조절해주며, 포도주 저장 시 용기에 포도주를 꽉 채우고 밀폐시킨다. 유산균의 경우는 원료가 깨끗하지 않고 발효 완료 후 앙금 제거가 불충분할 경우 발생하는데, 유산균은 아황산에 대한 내성이 약하기 때문에 발효 종료 후 아황산을 처리하고 앙금을 빨리 제거하면 쉽게 방지할 수 있다.

곰팡이는 알코올에 내성이 없기 때문에 포도주에는 생기지 않지만 청소를 잘 하지 않을 경우 양조장의 벽이나 저장 용기, 다공질의 기구나 기타 물건의 표면에서 잘 번식한다. 특히 오크통을 사용할 경우 오크통의 표면에 곰팡이가 잘 번식한다. 곰팡이가 포도주에 직접 영향을 미치지는 않지만, 곰팡이가 생성한 냄새가 포도주 속에 녹아 들어갈 수 있으므로 각별히 주의를 해야 된다.

03. 포도즙 제조 기술

포도를 생과로 섭취할 경우 흔히 포도 알맹이만 속 빼먹고 껍질과 씨는 버리는 것이 일반적이다. 하지만 포도의 기능성 성분인 폴리페놀의 함량을 보면 대부분 씨앗과 껍질에 들어 있고 사실 포도 알맹이에는 극소량의 폴리페놀만이 존재한다. 우리의 몸은 많은 스트레스로 인하여 다량의 활성산소가 생성되고 있다. 이러한 활성산소로부터 우리 몸을 보호해 주는 폴리페놀 성분을 가장 쉽고 많이 섭취할 수 있는 방법이 바로 포도즙으로 가공하여 마시는 것이라고 할 수 있다. 또한 포도를 가장 쉽게 가공하는 방법 중의 하나가 포도즙을 만드는 것이기도 하다.

가. 제조 공정

먼저 포도를 선별하고 세척하여 열처리를 한다. 이때 포도의 유효 성분이 추출되는데 그중에 빨간 색을 나타내는 안토시아닌 색소와 떫은맛과 쓴맛을 나타내는 타닌과 플라보놀이 대표적인 성분이다. 열처리 온도와 시간에 따라 추출되는 성분의 비와 추출량이 달라짐으로 열처리 공정은 포도즙 제조 중에 가장 중요한 공정 중 하나이다.

열처리가 끝난 포도 으깸이는 적당히 냉각시킨 다음 압착을 하여 과즙을 짜낸다. 이렇게 짜낸 과즙에는 다량의 주석산이 함유되어 있다. 주석산은 무기물인 칼륨이나 칼슘과 결합하여 주석염이 되는데 이것이 바로 주석이다. 포도즙 가공에 있어서 소비자 신뢰를 높일 수 있는 첫걸음이 바로 포도즙 속의 주석을 제거하는 것이다. 주석 자체가 나쁜 물질은 아니지만 소비자에게 좋은 인상을 주지는 못하는 것이 사실이다. 마지막으로 미생물 번식을 방지하기 위하여 반드시 해야 하는 공정이 바로 살균 공정이다. 포도즙에는 풍부한 영양분이 함유되어 있기 때문에 쉽게 미생물이 번식할 수 있다. 포도즙의 저장성에 직접적인 영향을 미치기 때문에 잡균이 생기지 않게 충분히 살균해 주어야 한다.

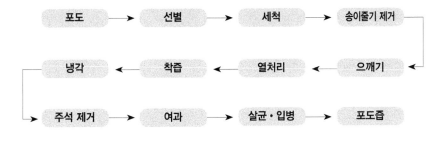

〈그림 14-6〉 포도즙 제조 과정

나. 원료

포도즙 생산에는 주로 색이 짙은 흑포도를 사용하는데 주로 '캠벨얼리'나 '머스캣베일리에이'를 이용한다. 덜 익은 것, 부패한 것 그리고 병든 포도 등은 골라내고 너무 익은 것도 이상한 냄새가 나므로 제거한다. 선과가 끝난 과일은 철저히 세척한 후 포도알을 으깬다. 이때 송이줄기는 원하는 포도즙의 특성에 따라 넣어줄 수도 있고 제거할 수도 있다. 송이줄기에는 다량의 타닌과 플라보놀이 들어 있어 떫은맛과 쓴맛이 강하다. 이들 성분은 건강에는 유효한 성분들이라 포도즙의 풍미를 떨어뜨리지 않는 범위 내에서 적당히 넣어서 가공을 하게 되면 포도즙의 기능성도 높일 뿐만 아니라 열처리 후 압착에도 유리하다.

다. 열처리 및 착즙

포도 으깸이를 열처리하지 않고 그대로 압착을 하게 되면 포도의 과즙만이 용출하게 된다. 포도 껍질과 씨에 있는 기능성 성분을 추출하기 위해서는 포도 으깸이를 적당한 온도로 열처리하는 것이 필요하다. 열처리를 함으로써 포도의 기능성 성분이 용출될 뿐만 아니라 이러한 기능성 성분의 산화를 촉진하는 효소의 활성도 막을 수 있으며 잡균의 살균으로 포도즙을 안전하게 보존할 수 있다. 열처리는 포도 으깸이를 60~90℃로 가열하여 과피에 함유되어 있는 적색색소인 안토시아닌과 플라보놀 그리고 포도씨에 함유되어 있는 타닌 성분을 잘 용출되도록 한다. 가열 공정에서 과육이 연화되는 것은 물론이고 타닌, 펙틴 및 색소가 용출되는데 이때 온도가 너무 높으면 과즙 중의 당분이 캐러멜화 되어 포도즙에서 고운 냄새가 나고 쓴맛이 지나치게 용출되어 주스 맛에 좋지 않은 영향을 미치게 되므로 적당한 열처리 온도와 처리 시간이 중요하다. 열처리 온도가 60~70℃로 낮으면 착즙을 하기에는 어려움이 따르지만 원료의 풍미가 살아있는 신선한 포도즙을 만들 수 있다. 반면 열처리 온도가 85~90℃로 높으면 착즙은 용이하지만 포도의 신선함이 없어지고 또한 고운 내가 많아져 포도즙의 풍미가 떨어지는 단점이 있다. 일반적으로 가정에서 또는 소규모 공장에서 가공한다면 풍미와 압착의 용이성을 다 함께 고려하여 75~80℃로 열처리하는 것이 적당하다.

라. 주석 제거

포도주스에는 주석산이 많이 들어 있다. 포도즙액을 장기간 저장하면 칼슘이나 칼륨과 결합하여 침전되어 바닥에 가라앉는데 이것이 바로 주석이다. 포도으깸이를 열처리하는 공정에서 과육과 과피에 있는 주석산과 무기질 성분이 다량 용출되는데 이렇게 과량으로 용출된 산과 무기질이 안정화되는 과정의 일환으로 서로 결합하여 주석산염을 형성하는 것이다. 이러한 주석산염(주석)은 인체에는 특별히 유해한 것은 아니지만 포도즙을 즐겨 마시는 소비자에게는 좋지 않은 인상을 남길 수 있다. 또한 포도즙을 마시다가 목에 걸릴 우려도 있기 때문에 이러한 주석을 반드시 제거하는 것이 필요하다.

포도즙에서 주석을 제거하는 방법은 착즙한 과즙을 큰 통에 담아 저온 냉장고(3~4℃)에서 약 2~3개월 보관하여 주석을 침전시키는 냉장법이 있다. 상온에서도 추운 겨울을 지나면 주석이 침전되는데 이듬해 봄이 되어 기온이 오르기 전 2월경에 주석을 제거하는 자연 침전법을 이용할 수도 있다. 이러한 자연 침전법을 사용할 때에는 즙의 저장통을 한겨울의 외기에 노출시켜 충분히 냉각시킬 필요가 있다. 냉동 시설이 갖추어져 있다면 착즙액을 영하 3~7℃로 냉각시키고 3~5일간 정치시켜 주석산의 용해도를 낮추어 급격하게 주석을 형성시키고 이것을 여과하여 제거하는 동결법이 있다.

마. 살균 및 입병

주석을 제거한 포도즙액은 살균을 해야 하는데 유리병이나 플라스틱 주스병(예 : 사과, 오렌지 주스병 가능, 콜라나 사이다 주스 병은 안 됨)에 과즙을 충진시킨 다음 큰솥에 넣어 중탕 가열한다. 이때 과즙의 온도를 85℃에서 10분 정도 유지시킨 뒤 찬물에 냉각시켜 보관해 둔다. 살균 시 주의할 점은 즙액의 온도가 약 80℃로 올라갈 때까지는 뚜껑을 열어 두어 과즙 중의 공기가 빠져나가게 할 필요가 있다. 온도가 80℃로 올라가면 뚜껑을 닫아 부패균의 오염을 방지하여야 한다. 살균 공정을 쉽게 하는 또 다른 방법으로 살균하고자하는 즙액을 미리 85℃로 온도를 올린 다음 깨끗이 씻어놓은 용기에 즙액을 주입하는 방법이 있다. 이렇게 용기에 주입된 포도즙은 곧바로 찬물에 냉각시켜 포도즙이 열로 인하여 풍미가 떨어지는 것을 막아야 한다.

살균 시 온도가 90℃ 이상이 되면 색소가 파괴되고 향기가 변하여 좋지 않다. 포도즙의 색소는 주로 철이온에 의하여 변색되므로 포도즙 제조 혹은 포장하는 과정에서 철이온과 접촉하지 않도록 주의가 필요하다.

04. 포도잼 제조 기술

가. 잼의 가공 원리 및 산과 펙틴 함량에 따른 과실의 분류

과일에 설탕을 넣고 가열하였다가 식히면 펙틴질과 유기산의 상호작용으로 젤리화가 일어난다. 젤리화에 효과적인 산은 사과산, 주석산, 젖산 등이다. 산이 강하면 젤리화는 잘 되나 pH 3.46 이하에서는 수분이 분리될 때가 많다. 당으로는 설탕, 포도당, 과당, 맥아당 등을 사용해도 좋으나 주로 설탕을 사용한다. 펙틴, 산, 설탕이 젤리화되는데 가장 적합한 비율은 펙틴은 1.0~1.5%, 산은 pH 3.46(0.3%), 당은 60~65%이다.

펙틴이 많을 때는 당이 적어도 젤리화가 잘 된다. 예를 들면 펙틴이 1.0, 1.25, 1.5%로 증가함에 따라 설탕은 62%, 54%, 52%로 감소시켜도 된다. 펙틴이 1.0~1.5%이고 산이 많으면 당이 적어도 젤리화가 잘 된다. 펙틴이 1.5%일 때 산이 0.25%, 0.3%로 증가하면 당은 65%에서 62%로 감소시켜도 된다.

따라서 한 가지 과일로 잼을 만드는 것보다는 두 가지 이상의 과일을 섞어서 만들면 펙틴과 산이 서로 보완되어 맛있는 잼을 만들 수 있다.

〈표 14-3〉 포산과 펙틴의 함량에 따른 과실의 분류

펙틴과 산이 많은 것	사과, 포도, 자두, 밀감 등
펙틴이 많고 산이 적은 것	복숭아, 무화과, 앵두 등
펙틴이 적고 산이 많은 것	살구, 딸기 등
펙틴과 산이 적당한 것	서양 포도, 숙성한 사과 등
펙틴과 산이 적은 것	성숙한 배

나. 잼의 농축과 완성점

농축하는 솥(용기)은 스테인리스 스틸이나 법랑 제품을 사용해야 색이 변하지 않는다. 설탕은 두 번에 나누어 넣고 20~30분 안에 농축이 끝나도록 하며 눌어붙지 않도록 서서히 저어준다. 농축은 다음과 같은 시험으로 완성점을 정한다. 당도계로 60~65%가 되었는지, 온도계로 103~104℃가 되었는지 확인한다. 컵 시험은 찬물을 컵에 넣고 젤리액을 떨어뜨렸을 때 흩어지지 않으면 완성된 것이다. 수저 시험은 젤리액을 주걱으로 흘러 내려서 시험과 같이 떨어지면 불충분한 것이고 꿀과 같이 일부가 떨어지고 일부가 오르면 된다.

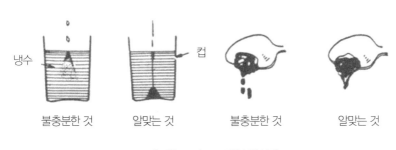

냉수   컵

불충분한 것   알맞는 것   불충분한 것   알맞는 것

〈그림 14-7〉 포도잼의 완성점

다. 제조 공정

포도잼을 만드려면 먼저 포도의 과육을 준비해야 한다. 포도는 껍질 속에 과육이 있고 과육 속에 씨가 있기 때문에 이것들을 쉽게 분리할 수 있도록 포도 으깸이를 가열하는 공정이 필요하다. 포도 으깸이를 열처리함으로서 포도 껍질의 적색 색소와 펙틴질이 잘 녹아 나오고 과육이 물러짐으로서 포도씨가 쉽게 분리될 수 있다. 가열처리한 포도 으깸이를 체에 올려놓고 문질러서 과육을 따로 분리시킨다.

| 포도 | 선별 및 세척 | 송이줄기 제거 |

| 설탕 첨가 | 체로 거르기 | 열처리 | 으깨기 |

| 줄이기 | 담기 및 식히기 | 포도잼 |

〈표 14-8〉 포도잼 제조 과정

잼이 되려면 당분이 약 60%는 되어야 함으로 설탕을 넣어주어야 하며 적당한 산과 펙틴의 비율이 되게 수분을 증발시켜야 하는데 이 공정이 바로 졸이기 공정이다. 졸이기가 길어지면 길수록 잼의 품질은 떨어진다고 보면 된다. 졸이기 공정을 짧게 하려면 산과 펙틴을 적당히 보충해 주는 것이 필요하다. 포도잼은 끓여서 제조하기 때문에 따로 살균 공정이 필요 없다. 뜨거울 때 담으면 자연스럽게 용기도 살균이 되어 오랫동안 보관할 수 있게 된다.

라. 원료 및 과육 준비

잼을 만드려면 우선 과일을 세척하고 썩은 것을 제거한 후 포도알을 따서 냄비에 넣고 으깬다. 사과나 복숭아, 자두 같은 것은 껍질째 잘게 썰어주거나 믹서에 갈아서 사용할 수 있으며 딸기 같은 것은 믹서에 갈지 않고 그대로 쓰면 된다. 원료의 처리는 반드시 스테인리스 스틸로 만든 기구나 나무로 만든 것을 사용한다. 사과나 복숭아 자두 같은 것은 끓이기 전에 원료를 믹서에 갈아야 하는데 이때 비타민 C를 첨가하면 변색되는 것을 막을 수 있다. 보통 시중에서 판매되고 있는 비타민 C제재를 이용할 수 있는데 일반적으로 원료 1kg에 레모나

한 개를 넣으면 충분히 갈변을 막을 수 있다. 포도의 경우에는 포도 안토시아닌 색소가 워낙 진하기 때문에 눈으로 갈변되는 것이 보이지는 않지만 실제로는 포도를 으깰 때 급격한 갈변작용이 일어난다. 포도의 경우에도 원료 1kg에 레모나를 한 개 넣어주면 갈변을 방지할 수 있다.

마. 설탕 넣기

일반적으로 공장에서는 설탕을 과육 중량의 약 80% 정도를 쓰는데 가정에서는 펙틴이나 구연산을 구하기 어렵기 때문에 과육 중량의 약 50%을 넣는 것이 적당하다. 당은 한꺼번에 넣는 것보다 3회 정도 나누어서 넣으면 과육에 골고루 당이 침투되어 좋은 잼을 만들 수 있다. 설탕을 적게 넣으면 그 만큼 더 오래 졸여야 하는데 오래 끓이게 되면 색택 및 향기가 좋지 않게 되는 경우가 있다. 당질로서 설탕만을 쓰게 되면 너무 달게 될 수가 있는데 이때 감미도가 설탕보다 적은 맥아당(물엿)을 섞어서 사용할 수 있다. 설탕과 맥아당은 8대 2정도로 섞어서 사용하면 되고 맥아당이 너무 많이 들어가면 품질이 떨어진다.

최근에는 건강에 대한 인식이 높아짐에 따라 백설탕 대신에 흑설탕이나 황설탕을 넣는 경우가 많은데, 이들 설탕은 기본적으로 백설탕을 원료로 더 가공된 형태이므로 이들 유색 설탕이 건강에 더 좋다는 것은 잘못된 정보이다. 황설탕은 백설탕을 열처리하여 만들며 흑설탕은 백설탕이나 황설탕에 캐러멜을 넣어 색을 짙게 하여 만든 것이다.

마. 졸이기

끓이는 시간은 과육의 양에 따라 다르겠지만 30~40분가량 졸이면 된다. 설탕을 적게 첨가할 경우 1시간 이상 오래 가열하는 것이 필요하기 때문에 잼의 품질은 떨어지게 된다. 따라서 적당량의 펙틴과 산을 넣어주면 30분 이내로 잼을 만들 수 있으며 이렇게 만들어진 잼은 포도의 향기가 살아있는 신선한 포도잼이 된다. 구연산과 펙틴을 구입하여 사용한다면 포도 껍질과 씨를 제거한 포도 과육 1kg에 설탕은 약 800g을 구연산은 10g, 펙틴은 13g을 넣어주는 것이 적당하다. 이때 설탕은 처음부터 3등분으로 나누어 넣어 주며 구연산이나 펙틴은 어느 정도 졸이다가 넣어주는 것이 좋다. 특히 펙틴의 경우 처음부터 넣게 되면 펙틴이 분해되어 잼을 엉기게 하는 성질이 떨어지게 된다. 펙틴을 한꺼번에 넣지 말고 조금씩 뿌려주어 잘 섞이게 하는 것이 중요하다.

졸이기 공정 중에 주의할 점은 냄비 바닥이 눋지 않게 나무 주걱으로 계속 저어 주어야 한다. 잼은 당분의 함량이 많기 때문에 쉽게 눌어붙을 수가 있는데 졸이 기가 어느 정도 진행되면 약한 불로 천천히 졸여 바닥이 타는 것을 막아야 한다.

바. 잼의 완성과 담기

잼의 완성은 찬물을 이용하여 알아볼 수가 있다. 걸쭉하게 졸인 잼을 숟가락으 로 조금 떠서 식힌 다음 얼음이 든 찬물에 떨어뜨렸을 때 흐트러지지 않고 일부 가 굳은 채로 밑바닥까지 떨어지면 잼이 완성된 것이다. 이렇게 완성된 잼을 미 리 깨끗하게 세척해 둔 병에 뜨거운 체로 담는다. 잼을 식혀서 담으면 공기 중에 있는 곰팡이나 효모가 들어가게 되어 잼을 오랫동안 보관할 수 없게 된다. 완성 된 잼을 담을 때는 반드시 약한 불로 끓이면서 용기에 담고 곧바로 뚜껑을 담음 으로서 용기와 뚜껑을 모두 살균할 수 있다. 이때 너무 큰 병에 담아두면 다 먹 기도 전에 곰팡이가 피거나 당질이 녹을 수가 있으므로 작은 병에 여러 개로 나 누어 저장하는 것이 바람직하다.

MEMO

15

제15장

경영

---

01. 생산 구조

가. 산지의 특성과 변화

포도는 1980년대 초반 경제 성장에 따른 고급 농산물에 대한 수요와 90년대 품질 향상을 위한 생산자 노력으로 수요가 증가하여 재배 면적이 크게 증가하였다. 그러나 1999년을 정점으로 각종 개발로 인한 농경지 감소, 농가 고령화, FTA 확대에 따른 개방화로 인한 타 작목 전환, 다른 과일 및 과채류로의 소비 대체, 포도 수입 증가 등으로 재배 면적이 감소하고 있다.

〈표 15-1〉 지역별 포도 재배 면적의 변화

(단위 : ha)

구분	1980	1985	1990	1995	2000	2005	2010	2015	2019
계	7,654 (100)	16,206	14,962	26,030	29,200	22,057	17,572	15,397	12,260(100)
경기	1,585 (21)	3,198	2,400	2,784	3,757	3,288	2,793	2,068	1,700(14)
강원	140 (2)	231	141	86	181	240	250	200	258(2)
충북	729 (10)	2,015	2,008	4,881	4,543	3,212	2,750	2,393	1,069(8.7)
충남	1,308 (17)	2,011	1,892	3,627	3,816	2,707	1,363	963	858(7)
전북	373 (5)	497	359	1,137	1,668	1,235	785	931	981(8)
전남	333 (4)	892	827	872	860	516	363	281	306(2.5)
경북	2,594 (34)	6,238	6,319	11,483	13,414	10,461	8,341	7,714	6,773(55.2)
경남	592 (8)	1,124	1,016	1,160	954	398	373	472	310(2.5)
기타	0(0)	0	0	0	7(제주)	0	0	0	5(0)

자료 : 통계청(농림어업총조사)
주) (1980-2005) 제주 및 특광역시는 인근도에 포함, (2012-2019) 기타 : 특광역시, 제주 포함

1980년 포도 재배면적이 많은 지역은 경북, 경기, 충남 순이었으며 유통 여건이 좋은 경기, 충남은 생식용, 경북은 가공용이 주로 재배되었다. 이후 교통망이 발달되면서 토양, 기상 등 재배환경이 유리한 경북지역은 포도 재배 면적이 크게 늘어나 2019년의 경우 전체 포도 재배 면적의 55.2%를 점유하고 있다. 한편 재배 환경이 경북과 유사한 충북 지역도 포도 재배 면적이 크게 증가하였으나 1980년 대비 2019년 재배 비율은 약간 감소하였다(충북 지역 재배 비율 (1980)10%→(2019)8.7%).

2010년도까지 포도의 주산지는 경북, 경기, 충북 등이었으나 2010년 이후 최고 주산지인 경북을 중심으로 포도 재배가 집중되는 경향이 나타났다(경북 지역 재배 비율 (1980)34%→(2019)55.2%). 반면 충북과 경기 생산량 비중은 2019년도에 각각 8.7%, 14% 수준으로 하락하였다.

나. 경영 규모의 변화

포도 재배 농가는 1990년대 포도 재배 면적이 증가하면서 1990년 3만 5천 호에서 2000년 5만 호로 크게 증가하였으나, 이후 포도 재배 면적이 감소하면서 2015년 2만 5천 호로 1990년에 비해 28.5%가 감소하였다.

호당 평균 포도 재배 면적은 1990년 0.31ha에서 1995년 0.42ha로 증가한 이후 큰 차이를 보이지 않고 있으나 2010년 이후 증가 추세에 있다. 농가당 포도 재배 규모의 분포는 2015년의 경우 포도 전문 경영이 가능한 1ha 이상의 농가는 7.5% 수준이며, 대부분이 복합경영 수준의 규모이다. 이 중 포도를 주작목으로 재배하는 수준인 0.5~1.0ha 규모의 농가가 23.7%, 부작목으로 재배하는 수준인 0.5ha 미만 규모의 농가가 68.7%로 높게 나타났다. 호당 포도 재배 규모가 작은 이유는 품종을 다양화하지 않는 현실에서 짧은 수확기간에 많은 노동력이 소요되어 규모 확대에 어려움이 있기 때문이다.

한편 포도 재배 규모별 농가 수의 변화를 보면 1995년도는 1990년 대비 1.0~1.5ha 규모의 농가 수가 가장 큰 비율로 증가하였고 2000년도는 1995년 대비 1.5~2.0ha 규모의 농가 수가 가장 큰 비율로 증가하였다. 2000년도부터는 전체 농가 수가 감소하기 시작했는데 2005년도는 2000년 대비 0.3~1.0ha 규모의 농가 수 감소율이 가장 컸다. 반면 2010년도는 2005년 대비 1.0ha 이하 농가 수는 모두 감소했지만 1.0~2.0ha 규모의 농가 수는 규모 경제의 유리성으로 증가했다.

그러나 2015년도는 0.3ha 미만과 2ha 이상 규모의 농가 비율은 감소하고, 0.3~1.5ha 규모의 농가 비율이 증가하면서 중규모 농가 비중이 증가했다. 이는 고용 노동 인건비가 증가하면서 고용 노동이 감소하고, 부부 노동(자가 노동)이 증가했기 때문이다.

〈표 15-2〉 노지 포도 재배 규모별 농가 수

(단위 : 호, ha)

연도	농가 수(호)							호당 평균 규모(ha)
	계	0.3ha 미만	0.3~0.5ha	0.5~1.0ha	1.0~1.5ha	1.5~2.0ha	2.0ha 이상	
1990	35,488	22,220	8,218	4,264	569	146	71	0.31
	(100)	(62.6)	(23.2)	(12)	(1.6)	(0.4)	(0.2)	
1995	48,304	21,515	13,746	10,372	2,044	429	198	0.42
	(100)	(44.5)	(28.5)	(21.5)	(4.2)	(0.9)	(0.4)	
2000	49,619	22,314	13,928	10,738	1,796	611	232	0.43
	(100)	(45)	(28)	(22)	(4)	(1.2)	(0.5)	
2005	37,724	17,442	10,323	7,894	1,372	526	167	0.42
	(100)	(46)	(27)	(21)	(4)	(1.4)	(0.4)	
2010	31,223	13,316	8,432	7,228	1,451	545	251	0.46
	(100)	(42.6)	(27)	(23.1)	(4.6)	(1.7)	(0.8)	
2015	25,035	10,424	6,789	5,930	1,243	456	193	0.47
	(100.0)	(41.6)	(27.1)	(23.7)	(5.0)	(1.8)	(0.7)	

자료 : 통계청(농림어업총조사)

278

다. 시장 여건

① 출하 시기

국내산 포도는 8~9월이 주 출하기이나, 수입산 포도는 도매시장에 연중 출하되어 소비자들의 편익이 증가하고 있다.

2019년과 2020년의 주 출하기 반입량을 살펴보면 평년보다 높이가 낮고 완만한 곡선을 나타내고 있다.

평년에 비해 2019~2020년은 포도의 주 출하기(8~9월) 시장 반입량이 감소하고 5~7월, 10월~다음 해 1월에 시장 반입량이 증가하였다. 평년에 비해 포도 출하가 월별로 분산되는 경향을 보인다. 이는 시설 재배 및 저온 저장에 의한 출하 시기 분산과 칠레산 포도의 수입 증가 등으로 인한 것이다.

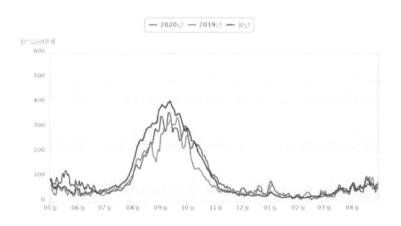

자료 : 서울시농수산식품공사

주) 평년치는 최근 5년('15~'19)의 일별반입량 중 최대치와 최소치가 제외된 3개년 평균값임

〈그림 15-1〉 포도 시장반입량의 월별 동향(가락동 도매시장)

② 포도 가격

대표 품종인 '캠벨얼리'의 성 출하기(8~9월) 가격은 1996년 이후 하락 혹은 정체, 2000년 상승 추세, 2010년을 기점으로 하락하는 추세를 보이고 있다. 이는 포도 재배 면적이 1996년 이후 급증하다가 1999년을 정점으로 감소하였기 때문이며, 최근의 포도 가격 하락은 '캠벨얼리' 특성상 껍질을 벗기고 씨앗을 버려야 하는 불편함 때문에 소비가 감소했다. 씨앗이 없는 '거봉', 껍질째 먹을 수 있는 '샤인머스캣' 등이 소비를 대체하고 있다. 8월의 가격은 9월에 비해 대체로 높은 경향을 보인다.

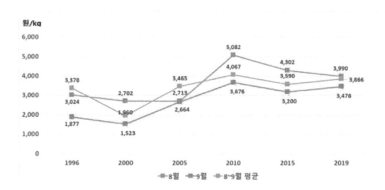

자료 : 한국농수산식품유통공사

〈그림 15-2〉 연차별 포도 성 출하기 가격 (상품, 캠벨얼리, 5kg 포장의 kg당 가격)

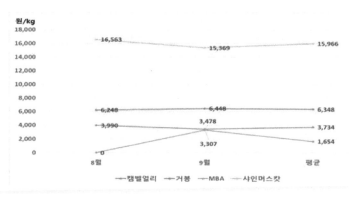

자료 : 한국농수산식품유통공사

〈그림 15-3〉 19년 품종별 월간 가격 변동 (상품, 캠벨얼리·MBA 5kg, 거봉·샤인머스캣 2kg의 kg당 단위)

2019년 출하 시기를 고려한 품종별 가격은 '샤인머스캣', '거봉', '캠벨얼리', 'MBA' 순으로 높다. '샤인마스캣'은 2013년 이후 급증하기 시작했으며, 완만한 가격상승과 함께 출하량은 매년 평균 200~300% 성장하고 있다. '캠벨얼리'와 'MBA'의 출하 비중은 감소하는 추세이며, '거봉'과 '샤인머스캣' 등 당도와 먹기 편한(소비의 편의성) 품종이 증가하는 추세이다. '샤인머스캣'을 비롯하여 씨 없고 껍질째 먹을 수 있고, 향이 있으며 송이 모양이 예쁜(타원형) 포도가 전반적으로 급성장하고 있다. 소비자의 소비다양성을 반영하여 단맛과 소비편의성이 강화된 다양한 포도가 보급되어야 포도의 소비활성화를 이끌어 낼 수 있을 것으로 판단된다.

③ 유통 경로와 유통 비용

포도의 대표적인 유통 경로는 생산자→생산자 단체→도매상→소매상→소비자의 유통 경로이고 다음으로 점유율이 높은 유통 경로는 생산자 →생산자 단체→대형 유통업체→소비자이며, 이외에도 다양한 유통 경로로 거래되고 있다.

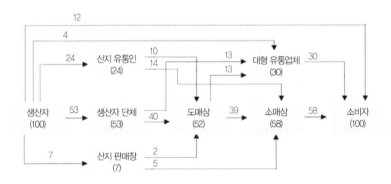

자료 : 한국농수산식품유통공사

〈그림 15-4〉 포도 주요 산지의 포도 유통 경로(2018, 단위 : %)

1990년대 중반에 등장한 대형 유통업체의 시장 점유율이 39%로 크게 증가하였으며, 최근 대형 유통업체의 도매시장 구매 비율은 감소하고 산지로부터 구매하는 비율이 높아지고 있다. 대형 유통업체를 통한 유통 경로에서는 소비자의 수요가 바로 시장에 표출됨으로서 생산과 유통이 소비자 지향적으로 전환될 것이며,

가격 결정 방식, 농산물의 산지 처리 방식 등에서 변화가 있을 것이다. 따라서 이러한 유통 환경의 변화에 적응하기 위한 농가의 노력이 필요하다.

〈표 15-3〉 포도 출하 지역·경로별 유통 비용(2018년)

(단위 : %, 원/kg)

구분		전체 평균	영동→서울(캠벨)			상주→서울(캠벨)			천안→서울(거봉)		
			평균	A	B	평균	A	B	평균	A	B
	농가 수취율	60.2	58.9	56.1	65.3	60.7	61.1	59.3	61.5	60.0	67.6
	유통 비용	39.8	41.1	43.9	34.7	39.3	38.9	40.7	38.5	40.0	32.4
단계별	출하 단계	12.1	12.6	12.4	13.1	11.6	11.6	11.8	12.3	12.2	12.9
	도매 단계	9.0	9.0	11.5	3.3	8.9	10.9	3.0	9.1	10.5	3.4
	소매 단계	18.7	19.5	20.0	18.3	18.8	16.4	25.9	17.1	17.3	16.1
가격	농가 수취 가격	3,420	2,923	2,804	3,201	3,322	3,362	3,201	4,526	4,349	5,236
	소비자 가격	5,669	4,970	5,000	4,900	5,475	5,500	5,400	7,350	7,250	7,750

자료 : 한국농수산식품유통공사
주) A경로 : 생산자(단체)→도매상→소매상→소비자
  B경로 : 생산자(단체)→농협유통→하나로클럽→소비자

2018년 농수산물유통공사의 포도 유통 비용 조사 결과 kg당 소비자 구입 가격 5,669원에 대하여 농가 수취 가격은 3,420원으로 유통 비용은 39.8%인 것으로 나타났다. 유통 비용 중 가장 큰 비중을 차지하는 유통 단계는 소매 단계로 유통 비용 비율 중 18.7%를 점유하고 있다.

유통 단계별 유통 비용은 소매(18.7%), 출하(12.1%), 도매(9.0%) 단계 순으로 높게 나타났다. 소매 단계에서는 운송비, 감모, 간접비, 출하 단계에서는 선별비, 포장재비, 운송비, 조합 수수료 등의 비용이 소요되어 유통비가 비교적 높다. 도매 단계에서는 하차비, 상장수수료, 배송료, 간접비 등 소매나 출하 단계에 비해 적은 유통비가 소요된다. 불필요한 농산물 유통 비용을 줄여 농가 수취가격을 제고하기 위해선 정부, 지자체, 생산자 조직이 힘을 합쳐 대책을 마련해야 할 것으로 판단된다.

02. 경영 분석

가. 경영 분석의 기초

모든 경영 행위는 기본적으로 소득 혹은 순수익의 극대화를 추구하고 있다. 농업 경영의 경우 경영 형태에 따라 전통적인 가족 경영은 소득, 기업적 가족 경영은 경영주 보수, 기업 경영은 순수익의 극대화를 추구하고 있다. 현재 우리 농가의 농업 경영 목적은 소득 극대화에서 순수익 극대화로 이전되고 있는 과도기에 있다.

농업 경영의 목적인 소득과 순수익의 내용을 살펴보면, 소득은 조수입(수량×단가 +부산물가액)에서 외부로 지출한 비용인 경영비를 뺀 부분으로 경영 활동을 통하여 농가에 남는 잉여이며, 이는 생산에 이용한 자가 노동, 자기 자본, 자가 토지에 대한 대가와 경영 활동의 이윤(순수익)이 포함된 혼합 소득이다.

순수익은 조수입에서 경영비뿐만 아니라 생산에 이용한 자가 노동, 자기 자본, 자가 토지에 대해서도 비용으로 계산하여 뺀 나머지 부분으로 서로 다른 경영여건에서의 경영 활동 효율을 비교할 수 있다.

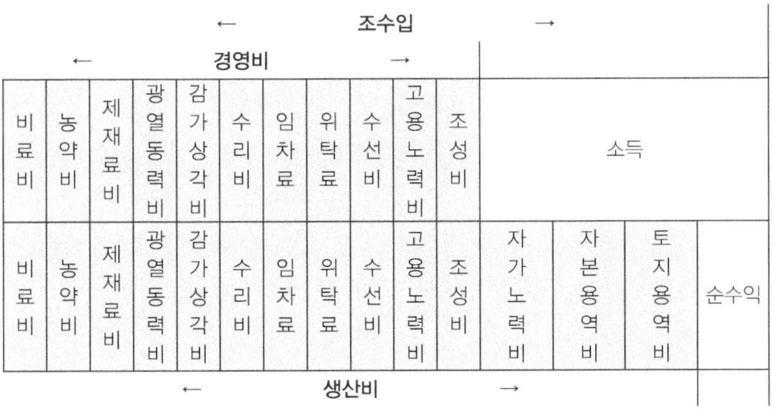

										조수입		→	
					경영비				→				
비료비	농약비	제재료비	광열동력비	감가상각비	수리비	임차료	위탁료	수선비	고용노력비	조성비	소득		
비료비	농약비	제재료비	광열동력비	감가상각비	수리비	임차료	위탁료	수선비	고용노력비	조성비	자가노력비	자본용역비	토지용역비	순수익
						←	생산비		→				

〈그림 15-5〉 포도 소득과 순수익의 구성

나. 소득의 변화와 특성

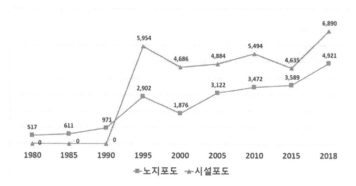

〈그림 15–6〉 포도의 10a당 소득 추이(노지·시설 포도, 단위 : 천 원)

노지·시설 포도 모두 10a당 소득은 1980년부터 2018년까지 상승하고 있는 추세다. 노지 포도의 10a당 소득은 1980년대에는 벼농사의 1.3~3.0배 수준이었으나 1990년대 농업인의 품질 향상 노력으로 수요가 증가하면서 가격이 상승하였고, 소득이 증가하게 되었다.

2018년 포도의 10a당 소득을 벼농사와 비교해보면 노지 포도 492만 원, 시설 포도 689만 원으로 벼농사(68만 원)의 각 7배, 10배 높은 수준이다.

한편 시설 포도의 소득은 1995년에는 노지 포도와 비교하여 높았으나 외환 위기로 시설 포도의 수요가 위축되어 낮아졌고, 이후 유가 상승, 포도 수입의 증가 등으로 경영 여건이 나빠지면서 2015년도까지 10a당 평균 5백만 원 수준에서 정체되어 있었다. 그러나 2015~2018년도 기상 악화 등 열악한 상황에서 농가들의 선제적 대응으로 2018년 시설 포도 소득은 2015년 대비 1.48배, 노지 포도는 1.37배 증가했다. 앞으로도 합리적인 영농 설계와 경영으로 품질 및 수량을 관리하고 비용을 절감해야 할 것이다.

〈표 15–4〉 포도 재배 유형별 소득(2018년)

(단위 : 원/10a)

구분		노지 포도		시설 포도	
조수입	금액	7,109,419		11,042,408	
	수량(kg)	1,629		1,804	
	단가(원)	4,294		6,121	
경영비	조성비	284,928	(13.0)	583,958	(14.1)
	무기질 비료비	91,689	(4.2)	131,622	(3.2)
	유기질 비료비	155,120	(7.1)	190,010	(4.6)
	농약비	128,520	(5.9)	117,021	(2.8)
	광열·동력비	72,186	(3.3)	724,971	(17.5)
	제재료비	532,192	(24.3)	588,150	(14.2)
	대농구 상각비	116,492	(5.3)	249,925	(6.0)
	영농 시설 상각비	333,687	(15.2)	1,220,390	(29.4)
	수선비	30,022	(1.4)	43,192	(1.0)
	토지 임차료	79,359	(3.6)	32,929	(0.8)
	고용 노동비	333,069	(15.2)	241,877	(5.8)
	기타	30,954	(1.4)	27,804	(0.7)
	계	2,188,218	(100)	4,151,849	(100)
소득		4,921,201		6,890,559	
소득율(%)		69.2		62.4	

자료 : 농촌진흥청 소득조사 자료

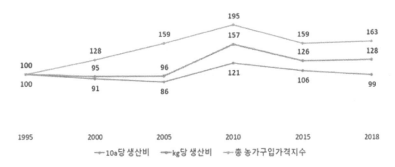

자료 : 농촌진흥청 소득조사 자료 및 통계청(농가판매 및 구입가격 조사)

〈그림 15–7〉 노지 포도의 생산비 및 농가 구입 가격 지수 추이

노지 포도의 10a당 생산비는 2010년까지 증가하다 최근 감소하는 경향이고, kg당 생산비는 기계에 의한 생력화가 어렵고, 농가 투입 요소 비용 증가 등의 이유로 증가 추세이다.

노지 포도 생산비 중 비중이 높은 비목은 제재료비, 영농 시설 상각비, 고용 노동비, 조성비 순이다. 시설 포도는 영농 시설상 각비, 광열 동력비, 제재료비, 조성비 순으로 높다.

2010년 노지 포도 생산비의 8.2%를 점유한 고용 노동비를 절감하기 위해서는 재배 기술의 생력화를 통한 고용 노동 시간의 절감이 요구된다.

농촌 고령화와 고용 노동비의 상승으로 노지 포도 10a당 고용 노동 시간은 2010년도 42.8시간에 비해 2018년도 30.9시간으로 27.8% 감소했고, 자가 노동 시간은 2010년도 175시간에 비해 2018년 184시간으로 5.1% 증가하였다.

한편 시설 포도는 재배 환경 개선을 통한 품질 향상과 노동 시간 절감을 위하여 스마트 팜 등의 자동화 시설·기계를 활용하고 있다. 이에 시설 포도 생산비 항목 중 영농 시설 상각비가 2010년 130만 원 대비 2018년 147만 원으로 약 12.9% 상승했다.

노지 포도와 시설 포도의 고용 노동비 증감 추이를 살펴보면 노지 포도의 고용 노동비는 2010년 대비 2018년 16.4% 증가, 시설 포도의 고용 노동비는 2010년 대비 2018년 2.3% 감소했다. 노지 포도는 조방적 경영으로 고용 노동력이 많이 소요되지만 시설 포도의 경우 집약적 경영으로 고용 노동력이 상대적으로 적게 소요된다. 또한 고용 노동력을 스마트 팜과 부부 노동(자가 노동) 등으로 대체하였기 때문이다.

유기질 비료비의 증가는 소비자의 고품질 선호도가 높아지면서 품질 및 상품성 향상을 위한 비가림 재배의 확대, 고가의 유기질 비료 사용량이 증가하였기 때문이다.

(단위 : 원/10a)

구분	생산비				대비(배)			
	1980(A)	1990(B)	2000(C)	2018(D)	D/A	B/A	C/B	D/C
조성비	22,967	37,801	72,862	284,928	12.4	1.6	1.9	3.9
무기질 비료비	15,081	26,002	50,690	91,689	6.1	1.7	1.9	1.8
유기질 비료비	13,231	39,230	71,014	155,120	11.7	3.0	1.8	2.2
농약비	16,809	43,781	74,182	128,520	0.0	0.0	1.7	1.7
광열 동력비	2,106	5,813	21,161	72,186	34.3	2.8	3.6	3.4
제재료비	36,295	84,291	298,478	532,192	14.7	2.3	3.5	1.8
대농구 상각비	4,859	20,232	119,374	116,492	24.0	4.2	5.9	1.0
영농 시설 상각비	11,377	2,366	53,110	333,687	29.3	0.2	22.4	6.3
수선비	4,210	7,282	16,039	30,022	7.1	1.7	2.2	1.9
노동비(고용, 자가)	218,400	586,516	1,161,729	3,461,621	15.8	2.7	2.0	3.0
토지 용역비	51,660	185,248	278,158	350,203	0.0	0.0	0.0	1.3
자본 용역비(고정, 유동)	35,468	24,411	105,969	123,669	0.0	0.0	0.0	1.2
기타	3,370	14,681	19,609	110,313	32.7	4.4	1.3	5.6
계	435,833	1,077,654	2,342,375	5,790,642	13.3	2.5	2.2	2.5

자료 : 농촌진흥청 소득조사 자료

03. 경영 개선

가. 경영 개선의 방향

경영 개선이란 기본적으로 소득(순수익)을 증대하기 위하여 기술 혁신과 규모 확대로 생산량을 증대하고, 품질을 향상시켜 농가 수취 가격을 제고하고 조수입을 증대하며, 비용을 절감하는 방향으로 이루어져야 한다. 그러나 현실에서는 비용을 절감하기 위하여 퇴비 시용량을 줄이면 수량이 감소하고, 품질이 떨어지는 등 생산량 증대, 품질 향상, 비용 절감 등이 서로 상반되는 경우가 대부분이다.

따라서 합리적인 경영 개선이란 이러한 상반된 상황에서 농가의 경영 여건에 맞는 의사 결정을 하고 이를 경영에 반영하는 작업으로 농가의 경영 여건에 따라서 각기 다른 의사 결정이 이루어질 수 있다.

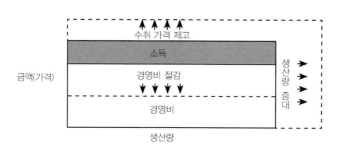

〈그림 15-8〉 포도 경영 개선의 기본방향

나. 적정 생산에 의한 개선

노지 포도의 10a당 수량이 많을수록 kg당 가격은 떨어지지만 2,500kg 이상부터는 품질 관리 기술 수준이 높아 kg당 가격이 상승하는 것으로 나타났다.

단위 면적당 수량을 증대하는 방안은 재식 주수, 주당 착과 수, 과당 중량의 측면에서 살펴보아야 한다. 포도는 사과, 배 등 다른 과종과는 달리 성과기가 빨라서 조기 수량 확보를 위한 밀식 재배를 할 경우 조기 수량 증대의 효과는 있지만 성과기 이후에는 밀식에 의한 품질 저하로 가격이 하락하여 소득이 낮아지는 경우가 많으므로 밀식 재배는 조심해야 한다.

〈표 15-6〉 노지 포도 10a 수량 수준별 경영 성과(2018년)

(단위 : 천 원/10a)

구분		1,500kg 미만	1,500~2,000kg	2,000~2,500kg	2,500kg 이상
조수입	금액	5,004	7,055	8,067	15,018
	수량(kg)	1,150	1,697	2,160	2,931
	단가(원)	4,352	4,157	3,735	5,123
경영비		1,797	2,186	2,444	3,745
소득		3,354	4,995	5,686	11,273

자료 : 농촌진흥청 소득조사 자료

주당 착과 수는 재식 주수를 고려하여 품질 저하가 없는 적절한 목표 수량을 설정하고 이를 확보하기 위해 전정, 눈따기 작업을 실시하고, 이후 착과 수의 불안정 요인으로 작용하는 화진 현상을 억제하기 위한 시비, 관수, 병해충 방제, 수세 관리 등이 필요하다. 또한 착립 후에 과비대 증진을 위한 시비, 관수, 엽수 확보 등이 필요하다.

착과 수 확보 및 과비대 증진을 위해서 인위적으로 관리할 수 있는 가장 중요한 사항은 관수로 다른 과종에서와 같이 과비대 증진을 통한 수량 증대를 기대할 수 있으며, 더욱이 봄가뭄에 따른 화진을 억제함으로서 적정 착과 수의 확보를 기대할 수 있다.

다. 농가 규모별 개선책 마련

노지 포도는 경영 규모가 클수록 집약적인 관리가 이루어지지 못하여 수량 감소 및 품질이 저하되는 경향을 보여 10a당 소득은 감소하고 있다. 한편 농가당 포도 소득은 규모가 클수록 증가하고 1.5ha 이상(평균 1.91ha)의 경우 노지 포도 호당 평균 소득은 61,530천 원으로 2018년도 도시 근로자 가구 소득(2인 이상, 6,418만 원) 수준의 소득을 실현하고 있다.

1ha 미만의 농가는 2008년도에 비해 고용 노동을 줄이고 자가 노동 중심의 경영을 늘린 반면, 1ha 이상의 중·대규모 농가는 고용 노동을 늘리고, 자가 노동을 줄인 것으로 나타났다. 고용 노동 임금의 지속적인 상승 등으로 소규모 농가의 경영비 부담이 가중되어 고용 노동을 줄인 것으로 해석된다.

〈표 15-7〉 노지 포도 경영 규모별 노동 시간 및 소득(2018년)

구분		0.5ha 미만	0.5~1.0ha	1.0~1.5ha	1.5ha 이상
노동 시간 (시간/10a)	계	252	185	204	142
	자가	228	159	160	71
	고용	24	26	44	72
포도 소득 (천 원)	10a당	5,780	4,436	4,175	3,329
	농가당	19,496	30,594	50,333	61,530

자료 : 농촌진흥청 소득조사 자료

경영 규모가 클수록 품질의 균일화에 초점을 맞추고, 소규모 농가는 한계 고령농을 대상으로 폐원 혹은 경영권 이양을 적극 장려할 필요가 있으며, 노동력 투입을 최소화할 수 있는 재배 기술의 개발 및 보급이 필요하다.

대규모 농가는 집약적인 관리를 통해 수량성 확보 및 품질 향상에 초점을 맞춰야 한다.

중·소규모 농가의 노동력을 절감하기 위해서 다음과 같은 방법을 제시할 수 있다. 가장 노동력이 많이 소요되는 수확 작업의 생력화 방안은 우선 동일 품종은 나무간, 같은 나무의 송이간 숙기의 차이가 적도록 결실 관리를 함으로서 수확작업의 효율성을 제고하고, 수확기를 고려한 적절한 품종 안배로 수확 노동력을 분산하는 방안을 들 수 있다. 수확 작업과 노동 경합을 이루는 포장 및 선별은 산지유통센터에서 공동으로 처리하는 방안도 고려할 수 있다.

또한 비가림 재배 기술의 도입은 봉지씌우기 및 병해충 방제 노력의 절감뿐만 아니라 품질 향상도 기대할 수 있다.

〈표 15-8〉 노지 포도 작업 단계별 소요 노동 시간 및 생력화 방안(2018년) (단위 :시간/10a)

작업 단계	소요 노동 시간			생력화 방안
	계(%)	자가	고용	
시비	8.3 (3.86)	8	0.3	관비 재배
전지 · 전정	48.4 (22.51)	44	4.4	–
경운 · 정지	1.2 (0.56)	1.2	0	–
작물 관리	38.6 (17.95)	28.9	9.7	–
봉지 씌우기/벗기기	13.2 (6.14)	8.6	4.6	비가림 재배
병해충 방제	14.7 (6.84)	14.5	0.2	비가림 재배
수확	46.4 (21.58)	40.6	5.8	숙기조절, 품종안배
운반 및 저장	5.9 (2.74)	5.3	0.6	숙기조절, 품종안배
선별 및 포장	25.6 (11.91)	21.5	4.1	품종안배, 산지유통센터
기타	12.7 (5.91)	11.7	1	–
계	215 (100.0)	184.3	30.7	

자료 : 농촌진흥청 소득조사 자료

라. 수취 가격 제고에 의한 개선

노지 포도의 수취 가격 수준별 경영 성과를 보면, 수취 가격이 높을수록 수량은 감소하지만 단위 면적당 소득은 증가한다.

포도는 수량과 품질(가격)이 상반된 현상을 보인다. 따라서 수량과 품질을 동시에 고려하는 경영 관리가 필요하다.

농가간에 수취 가격의 차이가 크게 나타나는데, 이를 좌우하는 요인은 상품 품질, 판매 시기, 상품성, 판로 등을 들 수 있다.

포도의 품질은 좋은 품종의 선택과 품질 향상 기술의 도입을 기본적으로 고려할 수 있다.

<표 15-9> 노지 포도 kg당 수취 가격 수준별 경영 성과(2018년)

(단위 : 천 원/10a)

구분		2,000원 미만	2,000~2,500원	2,500~3,000원	3,000~3,500원	3,500원 이상
조수입	금액	3,784	4,753	4,863	5,037	8,198
	수량(kg)	2,207	2,011	1,797	1,508	1,570
	단가(원)	1,715	2,364	2,706	3,341	5,221
경영비		1,497	2,065	1,686	2,016	2,344
소득		2,287	2,688	3,177	3,021	5,854

자료 : 농촌진흥청 소득조사 자료

우선 품종간 소득을 비교하여 보면 '샤인머스캣', 기타('흑보석', '알렉산드리아' 등), '거봉', '캠벨얼리', '머스캣베일리에이(MBA)' 순으로 높은 것으로 나타났으며, 이는 2008년의 '거봉', '캠벨얼리', '머스캣베일리에이(MBA)', 기타 순과는 차이가 있다. 소비자들이 씨 없고, 껍질째 먹을 수 있는 품종을 선호하게 되어 '캠벨얼리'와 'MBA'의 소득은 낮고, '거봉'과 '샤인머스캣' 등의 소득은 높게 나타났다. 특히 '샤인머스캣'은 2013년 이후 급증하기 시작했으며, 완만한 가격 상승과 함께 출하량은 매년 평균 200~300% 가까이 성장하고 있다.

따라서 소비자의 소비 다양성을 반영하여 단맛과 소비 편의성이 강화된 다양한 포도가 개발·보급되어야 국산 포도의 소비 활성화 및 농가 수취 가격 제고를 이끌어낼 수 있을 것이다.

<표 15-10> 노지 포도 품종별 경영 성과(2018년)

(단위 : 천 원/10a)

구분		캠벨얼리	거봉	MBA	샤인머스캣	기타
조수입	금액	6,171	8,278	5,711	15,529	8,656
	수량(kg)	1,586	1,745	1,591	1,546	1,732
	단가(원)	3,891	4,744	3,589	10,043	4,998
경영비		2,044	2,644	1,695	2,561	2,102
소득		4,127	5,634	4,015	12,968	6,555

자료 : 농촌진흥청 소득조사 자료

포도의 품질을 향상시키기 위해서는 열과 억제 및 당도 향상을 위한 비가림 재배의 도입을 고려할 수 있다. 또한 송이 내 알의 숙기 및 크기 불균일, 열과 등을 줄이기 위한 알솎기가 필요하고, 당도 향상을 위한 적절한 착과와 시비, 토양 수분관리에 주의가 요구되며, 품종별 숙기에 맞는 적기 수확이 이루어져야 한다.

판매 시기는 분산을 통하여 농가의 수익을 제고할 수 있다. 최근 기후 온난화로 인한 지역별 출하기의 차별성 감소 및 수입 과일과의 경합을 피하기 위한 출하기 조절로 특정 시기에 출하 물량이 집중되는 현상이 나타나고 있다. 그러나 홍수 출하로 인한 가격 하락의 위험성이 따르기에 조절이 필요하다. 포도 주산지의 생산자 조직 중심의 협의체를 구성하여 출하 시기를 조절함으로써 가격 불안정으로 인한 농가의 손실을 최소화해야 한다.

상품성은 선별, 포장, 브랜드화 등과 관련 있는데 선별의 경우 속박이라든가 표기 내용과 내용물의 불일치, 지역별, 시기별, 농가별 선별 기준의 불일치 등으로 소비자(상인)로부터 신뢰감을 잃을 경우 제값을 받기 어렵다. 따라서 지역 공동의 선별 기준으로 산지유통센터에서 공동 선별, 출하하는 방안을 고려할 필요가 있으며, 선별 등급 기준은 선별 소요 노동력 및 규모를 감안하여 소비자가 등급·선별 차이를 인식할 수 있어 가격 차별화 효과가 있도록 설정되어야 한다.

포장의 디자인은 상품 보호, 운반 편리성, 상품 이미지 및 특성 전달 등을 고려하여야 하며, 포장 단위는 소비자의 취급 편리성, 소비자 구매력, 시기, 판로, 포장재 비용, 운송·상하차 효율 등을 고려하여야 한다. 특히 소비 수준 향상과 핵가족화 등으로 모든 품종에서 소포장화 추세가 두드러지게 나타나고 있다. 'MBA'는 5kg과 4kg 단위 포장에서 3kg 포장이 주류를 이루고 있다. '거봉'은 2kg 포장이 많아지고, '델라웨어'는 2kg 포장보다 1kg 포장 등이 증가하고 있다. 포도의 소포장화는 가구원 수 감소 등에 따른 소비 구조 변화와 소비자가 선호하는 포도송이의 크기가 작아지고 있다는 점과 관련성이 크다.

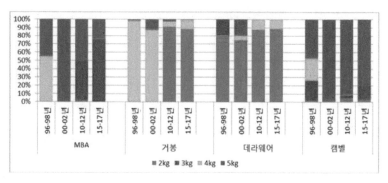

자료 : 가락동 도매시장 A도매시장법인 거래자료

〈그림 15-9〉 포도의 품종별 포장 단위 추이

상품의 브랜드는 타 지역, 타 농가와 구별되는 기능이나 특색을 표현하는 것으로서 가격 제고, 수요의 확대 및 안정화 등의 효과가 있어 농산물 브랜드화에 대한 기대가 농업인들 사이에 급증하고 있으나 농산물 브랜드 파워가 형성된 것이 극히 일부에 불과하다. 실제 브랜드의 형성을 위해서는 선별 철저, 품질 균일화, 전속 출하, 물량 규모화, 규격화, 디자인 다양화 등을 통해 지속적으로 소비자 인지도를 제고해야 한다.

소비자의 주요 포도 구매처는 기업형 슈퍼, 대형마트, 소형 슈퍼, 전통시장 순으로 나타났다(농촌진흥청 소비자 패널, 2010~2017년). 기업형 슈퍼는 2010~2011년에 비해 2016~2017년에 구매액 비중이 증가하였으나 전통시장, 소형 슈퍼는 감소했다. 기업형 슈퍼는 근거리 상권, 소량 판매, 다양한 품종 등의 이점이 있어 최근 구매 비중이 늘고 있다.

한편 대형 유통업체를 통한 판매는 기존의 도매시장 출하와는 다른 접근방법과 출하 전략을 가져야 한다. 대형 소매업체와의 직거래는 업체별로 품질 규격에 대한 요구 조건이 다르기 때문에 출하 농가가 이러한 요구 조건에 따라야 하며, 업체마다 차이는 있으나 대체로 정기, 정량, 정품질, 정시 유통을 선호함으로 이에 부응할 수 있어야 한다. 또한 직거래 계약을 체결할 때는 가격 결정 방식, 대금 결제 조건, 수송, 거래 규모 등이 사전에 충분히 검토되어야 한다.

MEMO

부록

농약 안전 사용

01. 농약 안전 사용 기준

농산물의 생산량을 늘리고 품질을 높이는 데 있어 병해충과 잡초의 방제는 필수적
이며 이를 달성하기 위한 수단으로 농약을 살포하게 된다. 그러나 소비자의 입장에
서는 살포 농약이 농산물 중에 남아있어 우리 몸에 해롭지 않을까 걱정하고, 농업
인의 입장에서는 어떻게 농약을 뿌려야 병해충도 방제하고 잔류 농약의 해가 없는
안전한 농산물을 생산할 수 있을 것인지 걱정하게 될 것이다.

사람이 매일 먹는 음식물 중에는 우리에게 유익한 각종 영양소는 물론 매우 적은
양이지만 위해 물질도 함께 들어 있는 것이 보통이다. 그러나 해로운 물질이라도
기준 이하의 양이 들어오면 이를 분해시키거나 배설함으로써 우리 몸에 해가 없지
만 많은 양을 섭취할 경우 건강을 해치게 되는데 독성이 있는 여러 가지 식물이 우
리의 식품이 되지 못하는 것이 좋은 예라 할 수 있다.

농약도 이와 마찬가지로 잔류 허용 기준보다 많은 농약이 잔류되어 있는 농산물을
식품으로 섭취하면 우리 몸에 해로울 수 있지만 잔류 허용 기준 미만의 농산물은
전혀 해롭지 않다고 할 수 있다. 정부에서는 농약과 농작물의 종류별로 안전 사용
기준을 설정하여 고시하고 이를 지키게 함으로서 농산물 중 농약 잔류량이 허용
기준을 넘지 않도록 하고 있다.

안전 사용 기준이란 수확한 농산물 중의 농약 잔류량이 허용 기준을 넘지 않도록
농약을 사용하는 방법으로, 수확하기 전 농약의 마지막 사용 시기와 농작물 재배
기간 중의 사용 횟수를 정밀한 시험을 통하여 정한 것이며 누구나 보고 쉽게 실천
할 수 있도록 농약 포장지(라벨)에 쓰여 있다. 따라서 이 기준에 따라 농약을 살포
하면 농산물 중의 농약 잔류량은 허용 기준을 넘을 일이 없다. 많은 사람들은 농약

을 사용하지 않고 재배한 농산물을 소위 무공해 농산물이라 하여 선호하지만, 병해충의 피해를 입은 농산물은 무공해일 수 없으며 안전 사용 기준을 지켜 농약을 살포함으로서 병해충을 효과적으로 방제하고 아울러 농약 잔류량이 허용 기준을 넘지 않은 것이 우수하고 안전한 농산물이다.

02. 농약 섞어 쓰기(혼용)의 장점과 주의할 점

농약 섞어 쓰기의 장점은 ① 농약의 살포 횟수를 줄여 방제 비용 및 노력 절감 ② 서로 다른 병해충의 동시 방제를 통한 약효 증진 ③ 같은 약제의 연용에 의한 내성 또는 저항성 발달의 억제 등이 있다.

그러나 잘못된 섞어 쓰기는 농약 성분의 분해에 의한 약효 저하 및 약해 발생 등을 초래할 수 있으므로 농약을 섞어 쓸 때는 다음과 같은 사항에 주의해야 한다.

가. 농약설명서 및 혼용가부표를 반드시 확인해야 한다.

농약설명서의 「주의사항」 란에는 섞어 쓰기가 가능한 약제 또는 섞어 쓸 수 없는 약제는 물론 섞어 쓰기를 할 때 약해 발생으로 인한 피해를 방지하기 위해 지켜야 할 주의사항이 설명되어 있으므로 농약설명서를 반드시 확인한다. 특히 한국작물보호협회에서는 1998년부터 농약제조회사가 시험한 자료를 바탕으로 통합 혼용가부표를 작성하여 배부하고 있으므로 이를 다시 확인토록 한다.

나. 농약은 2종 섞어 쓰기를 하고 3종 이상 여러 약제의 섞어 쓰기는 가능하면 피하도록 한다.

최근에는 3~4종의 농약을 고농도로 섞어 미스트기 등 고성능 분무기로 소량 살포하는 경우도 있다. 그러나 이렇게 여러 약제를 섞으면 농약을 만들 때 첨가한 각종 보조제의 농도가 높아지기 때문에 약해가 발생할 가능성이 커진다. 따라서 한 가지 약제 살포나 2종 섞어 쓰기에 비해 위험 부담이 크다.

다. 미량 요소가 함유된 비료와는 혼용을 가급적 피하도록 한다.

최근 원예 작물 재배 농가에서는 경엽 살포용 제4종 복합 비료(영양제)와 농약을 섞어서 살포하는 경우가 많은데 제4종 복합 비료는 수용성 액체 비료로 주성분인 질소, 인산, 칼륨 이외에 미량 요소 성분이 몇 가지 첨가되어 있다. 그런데 농약 중에 함유된 계면활성제 등의 성분은 비료의 흡수를 증가시켜 지나치게 많이 흡수된 미량 요소로 인한 생리 장해가 일어나기 쉬우므로 미량 요소 성분이 함유된 비료와는 섞어 쓰기를 피하는 것이 좋다. 사용할 경우에는 약해 여부에 특히 주의한다.

라. 농약의 혼용살포액을 만들 때는 동시에 2가지 이상의 약제를 한 꺼번에 섞지 말고 한 약제를 물에 완전히 섞은 후 차례로 한 약제 씩 추가하여 희석한다.

마. 제형이 다른 농약을 섞어 쓰기 할 때의 원칙

① 수화제 또는 액상수화제와 유제 섞어 쓰기

수화제의 희석액을 먼저 만든 후 액상수화제, 유제를 넣어 살포액을 만든다.

② 수화제 또는 액상수화제끼리 섞어 쓰기

두 약제를 함께 넣거나 희석하는 것은 좋지 않다. 1개의 수화제 또는 액상수화제의 희석액을 만든 후 다른 수화제 또는 액상수화제를 넣어 혼합 살포액을 만든다.

③ 전착제를 섞어 쓸 경우

전착제 살포액을 먼저 만든 후 수화제 또는 액상수화제를 넣어 혼합 살포액을 만든다. 전착제와 유제를 섞어 쓸 경우에는 순서에 관계없다.

바. 농약의 혼용살포액에 침전물이 생기면 사용하지 말아야 한다.

사. 농약을 섞어 만든 살포액은 당일에 살포해야 한다.

아. 농약을 혼용할 때는 표준 희석 배수를 반드시 지켜야 하고 살포할 때는 표준량 이상으로 많은 양을 살포하지 않아야 한다.

자. 섞어 쓰기가 가능한 약제라도 다시 한번 포장지를 읽고 반드시 적용대상 작물에만 사용해야 한다.

차. 혼용가부표에 없는 농약을 부득이 섞어 쓸 경우에는 제조회사와 상담하거나 좁은 면적에 시험적으로 살포해 약해가 발생하는지 유무를 확인한 후 살포해야 한다.

03. 농약 잔류 허용 기준(MRLs, Maximum Residue Limits)

농약이 잔류된 식품을 먹었을 때 우리 몸에 해로운지 해롭지 않은지는 잔류되어 있는 농약의 양에 달려 있다. 농약의 잔류 허용 기준은 식품 중에 함유되어 있는 농약의 잔류량이 사람이 일생동안 그 식품을 섭취해도 전혀 해가 없는 수준을 법으로 규정한 양을 말한다. 설정 방법은 농약의 「1일 섭취 허용량」, 「국민 평균 체중」 및 「식품 평균 섭취량」 등을 고려하여 다음 공식에 의하여 계산하고 해당분야 전문가들의 검토를 거쳐 설정하고 있다.

농약 잔류 허용 기준(ppm)
1일 농약 섭취 허용량 × 국민 평균 체중(50kg) / 1일 1인 식품(농산물) 평균 섭취량

잔류 허용 기준은 급성 독성인 농약의 중독과는 관계가 없으며 일생동안의 건강을 고려하여 설정한 만성 독성의 개념이다. 따라서 농약이 잔류되어 있는 식품일지라도 잔류 허용 기준 미만인 농산물은 우리 몸에 전혀 해롭지 않으며 과학적인 견지에서 볼 때 병해충을 방제하지 않아 작물이 자체적으로 만들어 내는 병해충 방어물질(과학적으로 안전성을 확인하지 못하고 있음)과 병해충이 만들어 내는 독성 물질(아플라톡신 등)이 함유된 농산물보다 훨씬 안전한 식품이라고 할 수 있다.

그러나 잔류 허용 기준이 모든 농약에 대하여 설정되어 있는 것은 아니다. 즉 살포한 농약이 최대로 잔류하여도 전혀 해가 없는 안전한 농약 등은 잔류 기준을 설정할 필요가 없다. 또한 농산물 및 농약의 종류에 따라 잔류 허용 기준이 다르지만 일생 동안의 만성 독성에 기준을 두고 있기 때문에 고독성 농약이라고 해서 잔류 허용 기준이 낮은 것이 아니고 저독성 농약이라고 해서 높은 것이 아니다.

포도 등록 농약의 잔류 허용 기준

농약명	MRL (mg/kg)	단일 성분	복합 성분
글루포시네이트암모늄 (Glufosinate(ammonium))	0.3	바스타,빨간풀,제로인	
글리포세이트 (Glyphosate)	0.2	근사미, 라운드엎, 근자비, 글라신골드, 성보글라신, 이비엠글라신, 풀마타, 해솜글라신, 아리글라신, 뉴글라신, 지심왕, 몬산토클래식	스파크, 대장군
다이아지논 (Diazinon)	0.1		뚝심
디메토모르프 (Dimethomorph)	2	포룸, 에이스, 영일디메쏘모르프	포룸디, 포룸만, 팔파라골드, 옹달샘, 균자비, 캐스팅, 카브리오팀,
디에토펜카브 (Diethofencarb)	2		깨끄탄, 골자비
디티아논 (Dithianon)	3	경농디치, 델란, 디치, 정밀디치,창가탄	리도밀큐골드
디클로베닐 (Dichlobenil)	0.15	카소론	
디페노코나졸 (Difenoconazole)	1	푸름이,스코어,보가드,푸르겐	삼진왕
마이클로뷰타닐 (Myclobutanil)	2	시스텐	
메탈락실 (Metalaxyl)	1		리도밀동, 삼공메타실동, 팔파래, 리도밀큐
메트코나졸 (Metconazole)	2	살림꾼	
메파니피림 (Mepanipyrim)	5	팡파르	
메피콰클로라이드 (Mepiquat chloride)	0.5	후라스타,아리차	
보스칼리드 (Boscalid)	5	칸투스	에스원, 벨리스플러스
비펜트린 (Bitenthrin)	0.5	타스타	
빈클로졸린 (Vinclozolin)	5	놀란	
사이플루페나미드 (Cyflufenamid)	0.5		월계수, 힌트

농약명	MRL (mg/kg)	단일 성분	복합 성분
스피로디클로펜(Spirodiclofen)	1	시나위	
시메코나졸(Simeconazole)	1	디펜더	
시아조파미드(Cyazofamid)	2	미리카트	
사이목사닐(Cymoxanil)	0.1		센다닐, 이카쵸, 이코션, 커지엠, 크리너, 카니발, 타노스, 모아모아
사이프로디닐(Cyprodinil)	5	유닉스	
아세퀴노실(Acequinocyl)	0.2	텔루스, 가네마이트	옹달샘, 참시난, 크리너, 금마차
아세타미프리드 (Acetamiprid)	1	모스피란	
아시벤졸라-에스-메칠 (Acibenzolar-S-methyl)	2		비온엠
아족시스트로빈(Azoxystrobin)	1	영일아족시스트로빈, 아족시스트로빈, 아미스타, 센세이션, 오티바, 역발상, 나타나	아미스타탑
에테폰(Ethephon)	2	경농에세폰, 정밀에세폰, 착색왕, 쎄라코에세폰, 삼공에세폰, 영일에세폰, 에세폰다	
에타복삼(Ethaboxam)	3	텔루스,	오차드, 금마차, 참시난,
에토펜프록스(Etofenprox)	1	트레본	
에톡사졸(Etoxazole)	0.5	주움	
오푸레이스(Ofurace)	0.3		수호신
옥사딕실(Oxadixyl)	2		굳케어플러스
옥시플루오르펜(Oxyfluorfen)	0.05	고올, 노고지리	
이미다클로프리드(Imidacloprid)	1	코니도	
이미벤코나졸(Imibenconazole)	0.2	블랙홀, 확시란	
이프로디온(Iprodione)	10	균사리, 로데오, 로브랄, 새시로, 새노브란, 쎄라코이프로	신바람, 다스린,
이프로발리카브(Iprovalicarb)	2		멜로디, 자부심
족사마이드(Zoxamide)	0.5		카니발, 노타치
카벤다짐(Carbendazim)	1		깨끄탄, 새미나, 젤존
카보설판(Carbosulfan)	0.1	포수, 마샬, 쌀지기,	
카보퓨란 (Carbofuran)	0.1	삼공카보, 이비엠물바사리, 카보텔, 큐라텔, 후라단, 황제카보, 동방카보	
캡탄(Captan)	5	경농캡탄, 동부캡탄, 삼공캡탄, 영일캡탄, 정밀캡탄, 캡탄	
크레속심-메틸(Kresoxim-methyl)	5	스트로비, 해비치	혜성, 크네이트,
클로티아니딘(Clothianidin)	2	세시미, 똑소리, 빅카드	
클로로탈로닐(Chlorothalonil)	5	골고루, 금비라, 다코닐, 에스엠타로닐, 영일타로닐, 초우크, 타로닐	균스타, 다모아, 센다닐, 경탄, 탐실
테부코나졸(Tebuconazole)	1	실바코, 호리쿠어, 스텔스	엄지

농약명	MRL (mg/kg)	단일 성분	복합 성분
테부펜피라드(Tebufenpyrad)	0.5	피라니카	
트리아디메폰(Triadimefon)	1	바리톤, 성보티디폰, 에스엠티디폰, 일순위, 티디폰골드	
트리플록시스트로빈(Trifloxystrobin)	0.5	에이플, 프린트	
트리플루미졸(Triflumizole)	2	큰댁, 배못, 트리후민	
티디아주론(Thidiazuron)	0.2	더크리, 그로스	
티아메톡삼(Thiamethoxam)	1	아타라	
파목사돈(Famoxadone)	1		노타치
페나리몰(Fenarimol)	0.3	경농훼나리, 동부훼나리, 훼나리	
페나미돈(Fenamidone)	0.7		모아모아, 엘리쵸
페나자퀸(Fenazaquin)	0.5	보라매, 응애단, 워나란	
페니트로티온(Fenitrothion : MEP)	0.5	메프치온, 스미치온	
펜코나졸(Penconazole)	0.5	크린타	
펜헥사미드(Fenhexamid)	3	텔도	균모리, 타이브랙
포세틸-알루미늄(Fosetyl-aluminium)	25	알리에테	로닥스
포클로르페뉴론(Forchlorfenuron)	0.05	풀메트	
폴펫(Folpet)	5	경농홀펫, 금망, 삼공홀펫, 영일홀펫, 탄저와노균	
플루실라졸(Flusilazole)	0.5	누스타, 올림프, 카리스마, 카자테, 고스트, 후루실라졸	
프로사이미돈(Procymidone)	5	프로파, 팡자비, 팡이탄, 쎄라프로파, 영일프로파, 스미렉스, 너도사	다이렉스
프로파자이트(Propargite)	10	오마이트	
프로피네브(Propineb)	3	안트라콜, 영일프로피, 프로피, 안트라콜골드	
플루퀸코나졸(Fluquinconazole)	1	카스텔란, 파리사드	금모리, 성보탄저박사
피라클로스트로빈(Pyraclostrobin)	2	카브리오에이	
피리메타닐(Pyrimethanil)	5	미토스	탐실
헥사코나졸(Hexaconazole)	0.1	푸지매	
플루디옥소닐(Fludioxonil)	5	사파이어	

포도

1판 1쇄 인쇄 2024년 08월 12일
1판 1쇄 발행 2024년 08월 16일
저   자 국립원예특작과학원
발 행 인 이범만
발 행 처 **21세기사** (제406-2004-00015호)
경기도 파주시 산남로 72-16 (10882)
Tel. 031-942-7861   Fax. 031-942-7864
E-mail : 21cbook@naver.com
Home-page : www.21cbook.co.kr
ISBN 979-11-6833-159-4

정가 30,000원